孙子兵法的心理智慧

蔡万刚◎编著

国家一级出版社　中国纺织出版社　全国百佳图书出版单位

内 容 提 要

《孙子兵法》是我国古代流传下来的最早、最完整、最著名的军事著作，是中国古代军事文化遗产中的璀璨瑰宝，是人类取之不尽、用之不竭的谋略宝库。

本书在《孙子兵法》的理论基础上，将战争谋略与人生智慧结合在一起，借古论今，做到了译文通俗易懂，理论要点突出，兵法商用，案例并举，是一本实用性很强的知识性读物，希望对广大读者有更好的指导作用。

图书在版编目（CIP）数据

孙子兵法的心理智慧／蔡万刚编著. —北京：中国纺织出版社，2017. 10（2025.3重印）
ISBN 978-7-5180-3919-7

Ⅰ.①孙… Ⅱ.①蔡… Ⅲ.①《孙子兵法》—应用—人生哲学—通俗读物 Ⅳ.①B821-49

中国版本图书馆CIP数据核字（2017）第196391号

责任编辑：闫 星　　特约编辑：王佳新　　责任印制：储志伟

中国纺织出版社出版发行
地址：北京市朝阳区百子湾东里A407号楼　邮政编码：100124
销售电话：010—67004422　传真：010—87155801
http：//www.c-textilep.com
E-mail：faxing@c-textilep.com
中国纺织出版社天猫旗舰店
官方微博http：//weibo.com/2119887771
三河市金兆印刷装订有限公司印刷　各地新华书店经销
2017年10月第1版　2025年3月第5次印刷
开本：710×1000　1/16　印张：17.5
字数：230千字　定价：69.80元

凡购本书，如有缺页、倒页、脱页，由本社图书营销中心调换

前言

《孙子兵法》又称《孙武兵法》《吴孙子兵法》《孙子兵书》《孙武兵书》等，是中国现存最早的兵书，也是世界上最早的军事著作，被誉为“兵学圣典”。处处表现了道家与兵家的哲学。共有六千字左右，一共十三篇。

《孙子兵法》的具体内容大概是：

第一篇《始计篇》讲的是庙算，即出兵前在庙堂上比较敌我的各种条件，估算战事胜负的可能性，并制订作战计划；

第二篇《作战篇》讲的是庙算后的战争动员及取用于敌，胜敌益强；

第三篇《谋攻篇》讲的是以智谋攻城，即不专用武力，而是综合使用各种手段使守敌投降；

第四篇《军形篇》讲的是具有客观、稳定、易见等性质的因素，如战斗力的强弱、战争的物质准备等；

第五篇《兵势篇》讲的是具有主观、易变、带有偶然性等特征的因素，如兵力的配置、士气的勇怯等；

第六篇《虚实篇》讲的是如何通过分散集结、包围迂回，造成预定会战地点上的我强敌劣，以多胜少；

第七篇《军争篇》讲的是如何“以迂为直”“以患为利”，夺取会战的先机之利；

第八篇《九变篇》讲的是将军根据不同情况采取不同的战略战术；

第九篇《行军篇》讲的是如何在行军中宿营和观察敌情；

第十篇《地形篇》讲的是六种不同的作战地形及相应的战术要求；

第十一篇《九地篇》讲的是依“主客”形势和深入敌方的程度等划分的九

种作战环境及相应的战术要求；

第十二篇《火攻篇》讲的是以火助攻与“慎战的思想。”；

第十三篇《用间篇》讲的是五种间谍的配合使用。书中的语言叙述简洁，内容也很有哲理性，后来的很多将领用兵都受到了该书的影响。

可以说，《孙子兵法》是中国古代军事文化遗产中的璀璨瑰宝，优秀传统文化的重要组成部分，其内容博大精深，思想精邃富赡，逻辑缜密严谨，是古代军事思想精华的集中体现。李世民说“观诸兵书，无出孙武”。兵法是谋略，谋略不是小花招，而是大战略、大智慧。而如今，《孙子兵法》已经走向世界。它也被翻译成多种语言，在世界军事史上也具有重要的地位。

而本书《孙子兵法的心理智慧》是一本系统介绍孙子军事谋略思想、战略战术及其古今应用的知识性读物，全书囊括了《孙子兵法》十三篇原文，并且有翻译、概略式介绍，并向人们展示了怎样将《孙子兵法》的精华运用到商业营销、人际交往、企业管理、职场人生等方面。

本书理论与实际相结合，内容平实，易于读者阅读和理解，希望对广大读者的生活、工作以及人生定位有更好的指导意义。

编著者

2017年1月

目 录

第一篇 始计篇：驾驭全局，谋定后动 …… 001

始计篇——孙子的战略观 …… 002

目标与计划明确，才能事半功倍 …… 004

考虑好每一步，才迈出第一步 …… 007

全面检查一遍，再决定最优计划 …… 010

未雨绸缪，制定临机应变的策略 …… 013

认真观察，从细节上排除问题 …… 016

运用稳慎的用兵策略 …… 018

战略正确，就坚决执行到底 …… 021

第二篇 作战篇：一鼓作气，兵贵神速 …… 025

作战篇——孙子谈战争与经济 …… 026

在最短的时间内抢占市场 …… 028

心系责任，使命感第一 …… 031

稍作等待，打打持久战拖延对方 …… 034

鼓舞士气，冲锋陷阵 …… 037

逆向思考，倒过来看问题 …… 041

善待敌人，是让自己强大的方法 …… 044

在最快的时间内接受自己的变化并焕然一新 …… 046

第三篇　谋攻篇：创造条件，不战而胜……051

谋攻篇——不战而屈人之兵乃上上策……052
以智谋取胜，不战而屈人之兵……054
攻“城”先攻“心”……056
知己知彼，百战不殆……059
实力不佳时，避免与对手针锋相对……062
偶尔发发威，显示你的威信……065
曾国藩谋定而后动……068

第四篇　军形篇：隐忍等待，运筹帷幄……073

军形篇——孙子守必固、攻必克的思想……074
保护好自己，别轻易透露底牌……076
先发制人，占据优势……078
忍辱负重、卧薪尝胆的勾践……081
小不忍则乱大谋……083
收敛锋芒才能成大事……086
尽力就好，凡事不强求……089

第五篇　兵势篇：实力第一，勇往无前……093

兵势篇——治军有道，造成功之“势”……094
失去什么也别失去勇气……096
储存实力，用实力说话……099
与其生气，不如争气……101
有纪有律，要有自己的行事原则……104
量力而行，别逞匹夫之勇……107

第六篇　虚实篇：虚虚实实，迷惑对方 …… 111

虚实篇——孙子出其不意的用兵策略 …… 112
虚实交用，适时奇变 …… 115
声东击西，转移视线 …… 118
争取早到，占尽先机 …… 121
假意出错，获取真心 …… 123
以退为进，诱敌深入 …… 126
明修栈道，暗度陈仓 …… 129

第七篇　军争篇：以迂为直、以患为利 …… 133

军争篇——率先争得制胜条件 …… 134
欲擒故纵，掌握主动 …… 136
坐山观虎斗，最后出手 …… 140
让对手自乱“军心”，创造取胜机会 …… 142
选择熟悉的交涉地点，占尽心理优势 …… 145
与他人联合，扩充自己实力 …… 148

第八篇　九变篇：见微知著，灵活应变 …… 151

九变篇——通晓九变，善于用兵 …… 152
到什么山唱什么歌 …… 154
掌握敌人的优缺点，对症下药 …… 156
时局变化时，要懂得把握机会 …… 159
避重就轻，寻找捷径 …… 162
耐心等待，别让急躁坏了大事 …… 165
不要试图让所有人都喜欢你 …… 168

第九篇 行军篇：察微知情，文武兼施 …… 173

行军篇——谨慎观察，小心应战 …… 174

心眼明亮，了解其真实意图 …… 177

选人用人，德才并重 …… 180

明确目标，部署到位 …… 183

合众人力，方成大事 …… 186

赏罚分明，提高效率 …… 189

恩威并重，文武兼施 …… 192

第十篇 地形篇：兴业择地，经商问市 …… 195

地形篇——地形乃用兵的辅助条件 …… 196

创业要选择自己熟悉的行业 …… 198

爱兵如子，共同生死 …… 201

经商要看到市场背后的需求 …… 204

无法热爱的工作，果断辞职 …… 207

为官之道——进不求名，退不避罪 …… 210

第十一篇 九地篇：分析“客”情，因人制宜 …… 215

九地篇——深入敌方，出奇制胜 …… 216

计划完备，迅速打开推销局面 …… 221

不同年龄段的客户，如何劝购 …… 224

看菜下碟，不同消费群体如何应对 …… 227

精于合作，找个帮手帮你推销 …… 230

第十二篇 火攻篇：以火佐攻，顺势而为 …… 235

火攻篇——火攻乃进军辅助措施 …… 236

借势生风，才会大有作为……238
借人之威，成己之事……239
成大事者懂得收买人心……242
跟随权重，找个靠山……245
顺应时事，开拓思维……248

第十三篇　用间篇：上智为间，搜集商情……251

用间篇——用间先知，反间第一……252
二桃杀三士：利用竞争心理使他人就范……254
周瑜如何巧施反间计……257
太过巧合的信息要仔细甄别……260
重要商业机密不可泄露……263
庞涓之死——别轻信任何人……266

参考文献……269

第一篇

始计篇：驾驭全局，谋定后动

《始计篇》是《孙子兵法》正文第一篇文章，讲述的是“庙算”的重要性。所谓庙算，可以理解为作战前的谋划、策划、各种考虑。《孙子兵法》之所以能为后人敬仰并活学活用，来自于孙武将目标量化、清晰了计划的内容，将之简化为“道、天、地、将、法”五部分。两千多年后的今天，军事作战，经济竞争，我们都需要学习孙武的思维方式，并以此来分析问题、解决问题，相信定能受益匪浅。

始计篇——孙子的战略观

《始计篇》是《孙子兵法》的首篇，它讲的是庙算，即出兵前在庙堂上比较敌我的各种条件，估算战事胜负的可能性，并制订作战计划。其原著内容为：

孙子曰：兵者，国之大事，死生之地，存亡之道，不可不察也。

故经之以五事，校之以计而索其情：一曰道，二曰天，三曰地，四曰将，五曰法。道者，令民与上同意也，故可以与之死，可以与之生，而不畏危。天者，阴阳、寒暑、时制也。地者，远近、险易、广狭、死生也。将者，智、信、仁、勇、严也。法者，曲制、官道、主用也。凡此五者，将莫不闻，知之者胜，不知者不胜。故校之以计而索其情，曰：主孰有道？将孰有能？天地孰得？法令孰行？兵众孰强？士卒孰练？赏罚孰明？吾以此知胜负矣。

将听吾计，用之必胜，留之；将不听吾计，用之必败，去之。

计利以听，乃为之势，以佐其外。势者，因利而制权也。兵者，诡道也。故能而示之不能，用而示之不用，近而示之远，远而示之近；利而诱之，乱而取之，实而备之，强而避之，怒而挠之，卑而骄之，佚而劳之，亲而离之。攻其无备，出其不意。此兵家之胜，不可先传也。

夫未战而庙算胜者，得算多也；未战而庙算不胜者，得算少也。多算胜，少算不胜，而况于无算乎！吾以此观之，胜负见矣。

这段文字的大意是：

孙子说：军事是国家的大事，它关系到百姓的生死存亡，国家的安危，因此，不能不认真地研究和思考。

因此，想要探讨真正胜负的情况，需要从五个方面的情况来对敌我状况进行综合分析比较，这五个方面分别是：

一是政治，二是天时，三是地势，四是将领，五是制度。政治，就是平日里君主要与民众一条心，到了战争时期民众才愿意为了君主去赴汤蹈火。天时，指的是昼夜、晴雨、寒冷、炎热、季节气候的变化。地势，就是指其是高陵还是 低洼之地，是路途遥远还是临近，是地势险要还是平坦，进退是否方便等。对于将领而言，主要指的是其是否具备智慧、诚信、仁爱、勇猛、严明等素质。制度，指的是军队的军制、军法、军需的制定和管理。凡是上面我们提到的五个方面的情况，作为将领都必须要明白，将这些情况了解透彻就能取胜，相反则会导致失败。另外，将领要想事前判明战争胜负情况，就要分析双方的具体条件，也就是哪一方的君主更加清明？哪一方的将领更具备（行军打仗）的才能？哪一方占据了天时地利？哪一方的领导者能做到军纪严明？哪一方兵力强大？哪一方的士兵更有战斗力？哪一方赏罚分明？将这些方面都考虑到，那么，谁胜谁负也就明朗了。

如果将领们采纳了我提出的看法，那么，他带兵作战就会胜利，而我也会让他留下；相反，如果他一意孤行，战争就会失败，他也就必须要离开这里。

当将领采纳了好的建议后，还要努力形成有利于自己的态势，以此辅助对外的军事行动。所谓态势，也就是说，要凭借有利的情况，来制定随机应变的具体战术。

战争，本来就是一场斗智斗勇的诡诈之术。所以，将领带兵打仗要讲究：在可以战斗的情况下巧妙示弱；在要战斗的时候装作退却；在准备攻打近处的时候，假装攻打远处；本来准备攻打远处，却假装攻打近处；敌人想占便宜，就用小利引诱他；在敌人混乱的情况下采取攻打的策略；敌人实力强，就要处于防备的态势；敌人兵强马壮，就要避免硬碰硬；敌人来势凶猛，就要想办法扰乱他；敌人谦逊，就要想办法让他骄纵起来；敌人处于安逸的情况下，就要让他疲惫不堪；敌人内部团结，就要想办法离间他。总之，要在敌人毫无防备的情况下攻击他们，要在他们毫无预料的情况下采取行动，这是作为指挥家必胜的秘诀，凡是战术战略，都不可事先讲出来。

在还未开战的情况下就能预料到自己将要取胜，是因为计划周详、条件充分；在战争未打响的情况下而知道胜算小，是因为取胜的条件少；取胜的条件大，就会取胜；反之，则会失败，更别说毫无准备的情况了。从这些因素来观察战争，是胜利还是失败也就不难看出来了。

心理支招

在《始计篇》中，孙子强调充足的计划和准备在作战中的重要性，毕竟“兵者，诡道也”。行军打仗，不确定的因素有很多，只有将每个部分都考虑进去，才能减少失败的风险。在孙子看来，要从政治、天时、地势、将领、制度五个方面考虑，若有一个方面被忽略，都有可能导致战争失败。同样，现实生活中的我们，做任何事，也都要进行全方位规划，不可打无准备之仗。

目标与计划明确，才能事半功倍

孙子曰：“夫未战而庙算胜者，得算多也；未战而庙算不胜者，得算少也。多算胜，少算不胜，而况于无算乎！”

这句话的意思是：在战争开始前，那些就已经能预料胜算的，是因为准备充分；相反，如果准备不充分，胜算就很少。

孙子这段话指出行军打“仗”最为关键的一点是要做足准备工作，的确，凡事需要谋划，有准备才能有胜利的把握。而谋划的第一步是要有目标和计划。

自古至今，大凡成功者，无不具备一项品质，那就是拥有不被打倒的意志力。他们从不拖延，但让他们成功的最为重要的原因还有一点，那就是有计划、有目标，不打无准备之仗。相反，那些失败者之所以迟迟不准备，是因为他们不知道自己该从哪里着手，一个人看不到前方的路，看不到希望，又怎么会有信心、有决心成功呢？

曾经在非洲的森林里，有四个探险队员来探险，他们拖着一只沉重的箱子，在森林里踉跄地前进着。眼看他们即将完成任务，就在这时，队长突然病倒了，只能永远地待在森林里。在队员们离开他之前，队长把箱子交给了他们，并告诉他们说：请他们出森林后，把箱子交给一位朋友，他们会得到比黄金更重要的东西。

三名队员答应了请求，扛着箱子上路了，前面的路很泥泞，很难走。他们有很多次想放弃，但为了得到比黄金更重要的东西，便拼命走着。终于有一天，他们走出了无边的绿色，把这只沉重的箱子交给了队长的朋友，可那位朋友却表示一无所知。结果他们打开箱子一看，里面全是木头，根本没有比黄金贵重的东西，也许那些木头也一文不值。

难道他们真的什么都没有得到吗？不，他们得到了一个比金子贵重的东西——生命。如果没有队长的话鼓励他们，他们就没有了目标，他们就不会去为之奋斗。从这里，我们可以看到目标在我们追求理想的过程中的指引作用！

同样，追求梦想的过程也不是一帆风顺的，无数成功者为着自己的理想和事业，竭尽全力，奋斗不息。孔子周游列国，四处碰壁，乃创作《春秋》；左氏失明后方写下《左传》；孙膑断足后，终修《孙膑兵法》；司马迁蒙冤入狱，坚持完成了《史记》。伟人们在失败和困顿中，永不屈服，立志奋斗，终于达到成功的彼岸。而当今社会，也有很多人以失败告终，为什么呢？很多人把问题归结于外在原因持这种观点的人，只看到问题，却看不到解决问题的方法；只看到困难，却看不到自己的力量；只知道哀叹，却不去尝试解决问题。这样的人永远也不可能成功。

而实际上，生活中，很多人因为无法承担追求梦想带来的困难和痛苦，就追求安稳的生活，每天两点一线，上班、回家，回家、上班，逐渐对梦想失去激情，而当他们看到他人风光无限或是衣食富足时，又嫉妒得要命。天上不会掉馅饼，即使掉了，也不一定会砸到你的头上。凡事有因才有果，你付出了，才能有回报。甘于现状、不思进取却又企望富贵发达，这就是“白日做梦”。

在唐朝贞观年间有个和尚，要到西天去取经。他需要一匹马，在长安城有一匹马，平时在大街上驮东西，结果选中了，选中之后，就准备去西域取经。这匹马有个很好的朋友，是头驴子。平时驴子都在磨坊里面磨麦子。这匹马临走之前就跟它的好朋友道别。道别完就走了。一走就是十七年。十七年之后，这匹马就驮着满满的佛经回到了长安城。它们受到了英雄般的欢迎。这匹马也一举成名。这匹马就回到它当年的好朋友驴子的磨坊里面。发现驴子还在。它们两个就一起诉说十七年的分别之情。这匹马就跟这头驴子讲它这十七年的所见所闻。见了非常浩瀚的沙漠、一望无边的大海。去到一条河木头浮不起来的叫黑水河。去到一个地方只有女人的，没有男人的叫女儿国。去到一个地方鸡蛋放到石头里能够煮熟的叫火焰山。讲了很多很多。

这头驴子听完流着口水说："你的经历可真丰富呀！我连想都不敢想！"这匹马就接着讲："我走的这十七年你是不是还在磨麦子呀？"这头驴子说："是呀！"这匹马就问它那你每天磨多少个小时呀？这头驴子说八小时。马说："我和唐大师当年，平均每天也走八小时，这十七年我走的路程和你走的路程是差不多的。可是关键在于当年我们朝着一个非常遥远的目标，这个目标有多遥远，我们根本看不到边，可是我们方向明确，始终朝着目标迈进，最后终于修成正果。"

我们在笑话驴子的同时，是否也应该反省一下自己呢？实际上，很多人，就过着如同故事中的驴子般的生活，每天工作8小时，每天都重复着同样的工作，每天的工作都是在原地转圈圈，毫无建设性的进展。就这样安于现状，十年、二十年之后，当周围的人已经步入成功的殿堂之后，他还在原地打转转。而有些人，不甘于围着磨盘打转，他们有梦想有目标，并且认准目标就一直向前走，即使因为种种原因走了弯路，但是大方向是不变的，因为梦想在前方，在牵引着他们，他们知道，那才是他们的终点。

我们每个人都应该明白这样一个道理，即说一尺不如行一寸，只有行动才能缩短自己与目标之间的距离，只有行动才能把理想变为现实。成功的人都把少说话、多做事奉为行动的准则，通过脚踏实地的行动，达成内心的愿望。但任何行动，如果没有一个明确的指引方向，都是无意义的。

诚然，我们渴望成功，都有自己的梦想，但梦想并不是参天大树，而是一颗小种子，需要你去播种，去耕耘；梦想不是一片沃土，而是一片莽荒之地，需要你在上面栽种绿色。如果你想成为社会的有用之材，你就要“闻鸡起舞”，甚至需要“笨鸟先飞”；如果你想写出精神之作，就需要你呕心沥血……梦想的成功是建立在阶段性的目标基础上的，需要以奋斗为基石，如果你想实现你心中的那个梦想，就行动起来吧，去为之努力，为之奋斗，这样你的理想才会实现，才会成为现实。

心理支招

《孙子兵法》告诉我们，人生不能没有目标，如果没有目标，你就会像一只黑夜中找不到灯塔的航船，在茫茫大海中迷失了方向，只能随波逐流，达不到岸边，甚至会触礁而毁。而在做任何一件事前，我们也都必须做好计划，计划是为实现目标而采取的方法和策略。只有目标，没有计划，往往会顾此失彼，或多费精力和时间。我们只有树立明确的目标，制订出详尽的计划，才能投入实际的行动，才能收获成就感和满足感。

考虑好每一步，才迈出第一步

孙子曰：兵者，国之大事，死生之地，存亡之道，不可不察也。

这句话的意思是，孙子说：“战争是关系国家命运的大事，关系到民族、百姓的生死和存亡，所以不得不认真思考。”

这里，《孙子兵法》开宗明义，孙子把战争与国家命运、人民的生死紧密联系起来，不仅指出战争在国家事务中的重要地位和作用，而且也明确指出战争的政治目的在于确保国家的生存和发展。这就把战争推到了国家大事的首要位置。“兵者，国之大事”，道理非常浅显，但并不见得为所有的治国者所深知。在这方面，孙子的基本思想就是要重战、慎战、备战，以确保“安国全军之道”。

同样，生活中的人们，也要有孙子的这一全局战略观，这是一种思维的远见性。在生活中，我们也常听老人说：“做事之前就要想到后面四步。”其实，向前每走一步，我们都需要相应对的方法，如果不能看得那么远，至少我们需要看见一步。的确，我们做事情，不仅需要稳当、周全，而且，不要急于求成，更不要被眼前的小事所累。在时机尚未成熟之前，我们一定要把持住自己。一个成大事的人，眼光总是比身边的人看得稍远一点。因此，我们每个人应有意识地训练自己的思维，凡事多考虑，尽量做到思虑周全，能让你少走很多弯路。

石油大王洛克菲勒曾经告诉他的儿子小约翰：要善于制订计划，计划能帮助我们知道想要什么，能达到什么成果。同时，应珍惜时间，因为每一刻都是关键的，都能影响生命的过程。在下决心之前，不需要太急促，遇到重要问题时，如果没有想好最后一步，就永远不要迈出第一步，要相信总有时间思考问题，也总有时间付诸行动，要有促进计划成熟的耐心。但一旦作出决定，就要像斗士那样，忠实地去执行。

从洛克菲勒的话中，我们看出来一点，即在作决策之前，一定要反复思考，思维要有远见。著名的美孚石油公司曾做了一次赔本买卖，可是，从最后的结果来看，它虽然放弃了眼前的利益，却收获了长远的发展，小利变大利、利滚利、利翻利，先前看似赔本的“买卖”，最终却收获了高额的利润。这是一种商业中的计谋，也是每一个人需要的智慧。有时候，之所以需要我们学会自控，不要被眼前小事影响，其实是为了以后更长远的发展。

在近代历史中，曾国藩无疑算是一个有远见的人，在任何时候，他都不为眼前小事所累，其最终的理想抱负是“修身、治国、平天下”，誓死效忠于清廷。

1858年，在清政府的不断催促下，曾国藩第二次戴孝出山。他率领湘军，经过6年的艰苦奋战，终于攻克了金陵。这一次，宣告了太平天国运动的结束，平定了天下。而另一方面，由于湘军号称30万大军，意味着清朝的军权第一次从满人转移到了汉人手中。这时，曾国藩的名声与威望都达到了顶峰。

在弟弟曾国荃看来，这是多么兴奋的事情，大好的利益就在眼前。于是，他极力鼓动哥哥曾国藩“自立”。不仅如此，其他一些随着曾国藩出生入死的将领也一起暗示要拥立他为皇帝。究竟是继续做万人景仰的中兴名臣，还是冒着成为乱臣贼子的风险君临天下，曾国藩为此思考了很久很久。

其实，最初同治皇帝曾作出承诺，谁能解除太平天国对清朝的威胁，谁能够打下南京谁就封王。可是，等到曾国藩真的打下了南京，功高震主，又手握兵权，同治皇帝却失言了，他只封了曾国藩“一等毅勇侯”。“飞鸟尽、良弓藏”的道理，曾国藩自然明白。最后，经过反复思考，他作出了惊人的决定，自剪羽翼，解散了湘军，忍耐一段时间之后，重新找准了自己的位置。

历史证明，曾国藩的确是一个深谋远虑之人。在当时的情况下，皇帝宝座无疑是眼前最大的利益，他完全有能力、有实力自立为王，但他却把持住了自己，没有轻举妄动，这是为什么呢？曾国藩确实很有远见，即使自己攻破了南京，但他却已经认清了当时的局势：清政府派遣了许多将领驻扎在长江，一旦自己叛乱，定然会予以攻击。而且，清政府开始有意识地拉拢自己身边的将领，分化湘军内部力量，真的自立，那些将领绝不会与自己同谋。另外，曾国藩的最初梦想便是报效国家而不是自立为王。所以，即便是在功成名就之后，他依然不敢享受成功带来的喜悦，而是以长远的眼光，忍耐在皇权下为官的战战兢兢。

在现实工作中，小到一个职员，大到一个公司，都需要有长远的打算，如果你只着眼于眼前的小恩小惠，那迟早有一天你将被利益所吞噬，职场生涯同时也宣告结束。其实，即便是工作也不能含糊，对于这样一件事情也需要我们的谋算，将自己的眼光放得更长远一些，不为眼前的小事所累，把持住自己，这样我们的职场之路才会走得更远。

然而，现实生活中，有些人却鼠目寸光，吃不得眼前亏，心胸狭隘，容不得一点损失。最终，他们难以成就大事。

可见，我们在做每一件事情时更需要有长远的眼光，不计较眼前的小事，而是关注于长远的发展，从而达到舍小利而保大局的目的。

心理
支招

《孙子兵法》告诉我们，“真正的赢家必定是笑到最后的”。的确，那些真正的智者往往能做到从全局角度思考问题，他们能把握事情的发展脉络，作出正确的抉择。

全面检查一遍，再决定最优计划

孙子曰：故经之以五事，校之以计而索其情：一曰道，二曰天，三曰地，四曰将，五曰法。

这段话的意思是，孙子说：“在战争打响前，要通过对敌我五个方面的情况进行综合比较来探讨战争胜负的情形：一是政治，二是天时，三是地势，四是将领，五是制度。”

这里，孙子的意思是，作战前的准备，必须是全方位的，缺一不可。否则，就会失败。的确，做任何一件事，我们都不能打无准备之仗，这就需要计划。然而，计划是否完备、是否万无一失，还需要我们在执行计划前全面检查一次。同样，生活中的人们，无论做什么，平时多做一手准备，多检查计划是否合理，就能减少一点失误，就会多一份把握。

有一批外国客商，要在中国内地购买一批棉布。A纺织公司的销售代表通过熟人很快就打听到这一消息，因此，他准备先请这些客商吃饭，搞定这批生意。但就在饭桌上，这位代表发现，与这些外商联系的，同时有好几家公司，而在价格上，他们公司并没有优势，这就是这些外商迟迟不肯成交的原因。

此时，销售代表有点不知所措，他给公司打电话，在众人不知所措的情况下，一名叫迈克的年轻人提出了解决方案，原来，迈克早就料到了同行竞争的存在，于是暗地里为公司多准备了一份谈判预案。迈克经过调查发现，这些外商虽说要购买棉布，但这批棉布是用于医疗卫生方面的，而符合这一标准的，就只有A公司的产品。也就是说，这些外商并不知道这一“内幕”。在后来的谈判中，A公司的谈判代表就使出了这最后的撒手锏，为这些外商提供了一份预案，在这份预案中，他故意“透露”了这一情况。而最终，令很多同行不解的是，为什么这些外商会选择价格比其他任何公司都高的A公司。

任何一位客户，为了能购买到最质优价廉的产品，都会货比三家，这就导致了销售方之间的竞争。如何才能在这些竞争中始终立于不败之地？其实很简单，那就是比别人多一手准备、多一份预案，这样，才能以不变应万变。案例中的A公司员工迈克之所以能帮助公司解决问题，就是因为他们掌握了购买方对产品最重要的要求，而这，也成了他们能打败众多对手的撒手锏。

布莱德雷将军曾说：“二次大战期间，我们抵达莱茵河的时候，我并不见得知道怎么建造桥梁，但是我知道相关的事情有哪些，我让筑桥的工兵能有足够的时间和补给，这一点是非常有帮助的。”任何一项计划，你的准备工作做得越充分，成功交往的可能性就越大。

然而，我们发现，生活中，有这样一些年轻人，他们在工作中始终改不了粗糙的毛病，思路紊乱，东拉西扯，始终是稀里糊涂；生活中也是粗心大意。而结果只能是，事情做不到尽善尽美。千里之堤，毁于蚁穴，如果我们做不到善于思考，那么，哪怕只是一些细节问题，也可能导致全局上的失败。

的确，思维指导行动，如果计划不周全，那么，就好比一个机器上的关键零件出了问题，就将意味着全盘皆输。

那么，作为年轻人该如何做出并完善工作计划呢？

1.计划要着眼于当下。

那么，为什么不建立长期计划呢？生活中，有些人说自己能预见未来，这当然是谎言，也会失败。因为无论我们对于未来的预计多么精细，都无法将一些不可知因素囊括在内，在遇到一些问题时，就不得不改变计划，或者对其进行相应的调整，甚至在某些情况下，我们需要无奈地放弃预期的计划。

2.要勤于思考。

思维的力量是巨大的，但人的大脑就如同一台机器，长时间不使用，它的工作能力就会下降甚至不适用。因此，要有智慧，就要有一颗善于思考的头脑。真正的“有头脑”，指的是善思考、勤实践，有思想、智慧、远见、卓识和才干。一个人虽然长着脑袋，但若不善于使用，没有思想、智慧、远见、卓识和本领，是不能算有头脑的。

3.我们做任何事都要制订完善的计划和标准。

要想把事情做到最好，你必须在心中为自己设定一个严格的标准，并且，在做事时，你一定要按照这个标准来执行，决不能马虎；另外，在作任何一项决策前，一定要思虑周全，并作广泛的调查论证，广泛征求意见，尽量把可能发生的情况考虑进去，以尽可能避免出现漏洞，直至达到预期效果。

4.做事要有条理有秩序，不可急躁。

急躁是很多人的通病，但任何一件事，从计划到实现的阶段，总有一段所谓时机的存在，也就是需要一些时间让它自然成熟的意思。假如过于急躁而不甘等待的话，便经常会遭到破坏性的阻碍。因此，无论如何，我们都要有耐心，压抑那股焦急不安的情绪，才不愧是真正的智者。

5.立即行动，勤奋才能产生行动。

我们都知道勤奋和效率的关系。在相同条件下，当一个人勤奋努力工作时，他所产生的效率肯定会大于他懒散工作之时。高效率的工作者都懂得这个道理，所以，他们能够实现别人几辈子才能够达到的目标。

心理支招

《孙子兵法》告诉我们，不打无准备之仗，“凡事预则立，不预则废”。大到国家，小到个人，做事时都必须要有计划性，只有做到缜密行事、步步为营，才能让成功多一份胜算。大凡把一件事情做得好，一般都要经历资料收集、深入调查、分析研究、最终下结论这样一个过程。

未雨绸缪，制定临机应变的策略

孙子曰：计利以听，乃为之势，以佐其外。势者，因利而制权也。

这句话的意思是，当优势策略被采纳后，还要设法造成有利的形势，以此辅助对外的军事行动，也就是说，根据当下的有利态势，来制定临机应变的策略。

这里，孙子是要告诉我们，战争中一定要有危机意识和制定应变各种情况的策略。同样，我们做任何事，也要重视防范工作，我国古代伟大的思想家孟子曾说：生于忧患，死于安乐，这句话与孙子的观点有异曲同工之妙。我们发现，当今社会，市场经济下，很多看上去很红火很景气很热闹的企业，常常在突然间就倒下再也起不来了。究其原因，大多是缺乏危机意识所致，或者是危机管理出了问题。的确，一个企业若想保持长久的生命力，其领导者就必须做到未雨绸缪，做好危机的防范工作。那些优秀的管理者都明白只有时刻保持危机意识才能不断成长。海尔集团董事局主席张瑞敏在谈到海尔的发展和未来时说："市场竞争太残酷了，只有居安思危的人才能在竞争中取胜。"英特尔公司的缔造者格鲁夫在谈到其取得辉煌业绩时也说："只有那些恐惧感强烈、危机感强烈的人才能生存下去。"

然而，一些企业管理者却抱着"不会出岔子"的侥幸心理不愿意作这种分析，或者对自己的管理决策十分有把握，不屑于做这种艰苦细致的工作，结果一旦出现意外情况，往往措手不及；即使方案勉强成功，也会产生副作用。

当然，除了企业管理外，任何领域的活动都要有危机意识，市场竞争之激烈毋庸置疑，很多时候，只要我们稍不留神，就有可能被击败。我国有一个关于古代神医扁鹊的故事，讲的是：

传说，扁鹊有兄弟三人，都行医救人。民间相传扁鹊医术最高，实际上并非如此。大哥一般是当病人疾病尚表现在皮肤气色上时就已经观察出，并简单地给病人服几剂药就好了，但大家以为他只能治小病，故名声不出乡里；二哥医术差一级，要等疾病已进入病人的肌骨，才识别出并治好，但名声反而到了州郡；三弟扁鹊，医术最低，非要等到疾病已进入腑脏，病人已行将就木了，才知道去医，大动干戈，将之救活，结果反被尊为“神医”，举世闻名。

可见，真正高明的应付危机的方式不是危机发生后再启动应急措施，而是善于发现问题，并且把危机扼杀在萌芽阶段。

在世界著名的大企业中，随着全球经济竞争的发展，它们面对的挑战会越来越激烈，如果沉醉于自己的优势地位，就可能会遭到淘汰。为改变这种状况，很多企业都非常重视推行“危机式”生产管理。而在我国，华为公司即是其中的一例。

当华为2000财年销售额达220亿元、利润以29亿元人民币位居全国电子百强首位的时候，华为总裁任正非却大谈危机：“华为的危机以及萎缩、破产一定会到来。”他在内部讲话中颇有感触地说：“十年来我天天思考的都是失败，对成功视而不见，也没有什么荣誉感、自豪感，而是危机感。也许是这样才存活了十年。我们大家要一起来想怎样才能活下去，也许才能存活得久一些。失败这一天一定会到来，大家要准备迎接，这是我从不动摇的看法，这是历史规律。”

任正非为什么总在兴盛中提醒危机？因为他看到华为的冬天一定会到来，到时候“也会像它热得让人不可理解一样冷得出奇。没有预见，没有预防，就会冻死。谁有棉衣，谁就活下。”“创业难，守业难，知难不难……唯有惶者才能生存！”华为的奋进与崛起，就归因于这种深重的危机意识与苦心经营！

无数的事例告诉我们，成功的企业都具有强烈的危机意识。他们在市场这个大海洋上小心翼翼地行驶着自己的船只，然而正是这种深深的忧患意识和一系列的“预警”措施，使他们安然度过一个又一个“暗礁”，实现了持续的成功。

用较多的时间为一次工作事前计划，做这项工作所用的总时间就会减少。我们再来看下面的故事：

胡先生是深圳一家小公司的总经理。金融危机期间，他的小公司不但没有倒闭，反而业务量骤升。这一点，让很多同行产生了巨大疑问。

一次和朋友聚会时，席间一个同行经销商谈到他们的业务主要在深圳和珠江三角洲一带，金融危机对它们企业的影响很大。

“您的公司企业如何？”

胡先生说：“受到美国金融风暴影响海外订单确实减少，不过因为内地客户受金融风暴影响小，反而通过网站为企业带来了稳定的订单。”

这位经销商豁然开朗，要求看看胡先生的网站是个什么样子。由于这家公司是生产连接件产品，该产品比较细小，他们便在对网站策划时特别增加了产品放大镜功能帮助访问者更加详细了解产品的细节，在使用恰当的推广方法后，为胡先生的公司带来了理想的业务量。

在人人自危的金融危机期间，胡先生的小公司为什么能岿然不动？这得益于他利用企业网站和网络营销能够帮助深圳企业避免遭到金融风暴影响的特点为自身服务。可以说，胡先生就是一个懂得在大形势下总揽全局的人，他的做法为其他企业指明新的发展道路。

巴尔扎克曾经为所有的经商者上了耐人寻味的一堂“课”，他说：“一个商人不想到破产，如同一个将军永远不准备吃败仗，只能算‘半个商人’，是不成功的商人。”怎样才能成为“一个商人”即成功的商人呢？巴尔扎克给出的答案是：“要想到破产。”日头正午，是最辉煌的时候，也是西下的开始。虽然说的是自然现象，不能与企业生存发展进行简单的类比，但是企业要时时想到“日落西山”的时候，这是生存法则。

同样，我们每个人，也都要有这种“想到破产”的危机意识，警惕危机的到来。而如果没有这种高度的警惕性，那么，一旦遭遇重大危机的突然袭击，必然缺乏应对之策，在无准备之仗中毁掉自己。因此，面对市场和竞争，我们要时刻保持危机感，不要陶醉在一度的“成功”里。记住，今天的成功并不意味着明天的成功，最好的时候往往是没落的开始！

心理支招

《孙子兵法》告诉我们，每个人都应该有一种危机意识，随时要想到自己可能面临灾难。当然人都不喜欢灾难，避祸是我们的基本思想，但事实上灾难是不可避免的，一生中不碰到灾难可能是极为罕见的事情。所以我们首先应该在安定的时候有一种忧患意识，在平时多考虑当危机事件来了我们怎么办的应对措施。

认真观察，从细节上排除问题

孙子曰："凡此五者，将莫不闻，知之者胜，不知者不胜"。

孙子这句话的意思是：凡是上面我提到的这五个情况，带兵打仗的将领都需要知道，将每个方面都掌握透彻，就能取胜，相反就会作战失败。

这里，孙子提到的五个方面的情况包括：政治、天时、地势、将领和制度。他是要告诫将领，要打胜战，必须要做好每个细节上的准备工作，五个大方面缺一不可。从孙子的话中，我们也应明白，任何人纵使你认为自己智慧超群，但也应有意识地训练自己的思维，凡事多考虑，尽量做到思虑周全，能让你少走很多弯路。

中国古代有这样一个故事：

很久以前，在黄河岸边，有一座村庄，这座村庄的村民经常受到黄河水患的祸害，于是，为了防治水患，农民们筑起了巍峨的长堤。

一天，一个老农民在大堤上发现有好几个蚂蚁窝，老农民心想，这些蚂蚁窝会不会对黄河大堤产生一些负面影响呢？于是，他把自己的担忧告诉了儿子和村里人，但他们听后不以为然地说：那么坚固的长堤，还害怕几只小小蚂蚁吗？于是，老农也就放心地耕地去了。

谁知道，当天晚上就下起了大雨，黄河水暴涨。咆哮的河水从蚂蚁窝始而渗透，继而喷射，终于冲决长堤，淹没了沿岸的大片村庄和田野。

这就是"千里之堤，溃于蚁穴"这个成语的来历。生活中，可能你也会发现，在你生活的周围，也经常发生因为细节上的欠缺考虑而导致 "满盘皆输"的后果。这给我们一个警示：无论做什么，都要做到思虑周全，忽略细节容易导致功亏一篑。当然，做好生活中的每一件小事也并不容易。

拿破仑是一位传奇人物，这位军事天才一生之中都在征战，曾多次创造以少胜多的著名战例，至今仍被各国军校奉为经典教例。然而，1812年的一场失败却改变了他的命运，从此法兰西第一帝国一蹶不振，逐渐走向衰亡。

1812年5月9日，已经在欧洲大陆取得辉煌胜利的拿破仑离开巴黎，挥军北上，直捣莫斯科。

然而，当法军进城后，却发现市中心着火了，整个莫斯科城的四分之一都被烧毁，很多房屋瞬间化为灰烬。而此时，俄国沙皇也采取了坚壁清野的措施，使远离本土的法军陷入粮荒之中，即使在莫斯科，也找不到生存下去的粮草，很多战马就这样死了，许多大炮因无马匹驮运不得不毁弃。几周后，寒冷的天气给拿破仑大军带来了致命的诅咒。在饥寒交迫下，1812年冬天，拿破仑大军被迫从莫斯科撤退，沿途大批士兵被活活冻死，到12月初，60万拿破仑大军只剩下了不到1万人。

关于这场战役失败的原因众说纷纭，但谁又能想到是小小的军装纽扣起着关键的作用呢。原来拿破仑征俄大军的制服，采用的都是锡制纽扣，而在寒冷的气候中，锡制纽扣会发生化学变化，成为粉末。由于衣服上没有了纽扣，数十万拿破仑大军在寒风暴雪中形同敞胸露 怀，许多人被活活冻死，还有一些人得病而死。

拿破仑的失败，正验证了人们说的“成也细节，败也细节”， 细节能带来成功，同时也能导致失败。他万万没有想到的是，一颗纽扣居然会导致自己大败。

天下难事，必做于易；天下大事，必做于细。正如汪中求在《细节决定成败》中所说的：“芸芸众生能做大事的实在太少，多数人的多数情况总还只能做一些具体的、琐碎的、单调的事。也许过于平淡，也许鸡毛蒜皮，但这就是工作，是生活，是成就大事不可缺少的基础。”随着经济的发展，专业化程度越来越高，社会分工越来越细，我们每个人在做事时都被要求认真仔细，否则一旦你的环节出现问题，会影响整个团队的运转。

无数前人的经验教训已经让那些粗心大意的人们明白细节的重要性，但实际上，他们还是无法做到细节上的完善，这是为什么呢？原因很简单，他们在工作和做事的过程中，用心的同时并没有动脑，要知道，细节之所以为细节，是需要我们用敏锐的触角去观察，继而排除问题的。

现实生活中，在我们周围，并不缺少雄韬伟略的战略家，而是缺少精益求精的执行者。现在很多商业领域已经进入了微利时代，大量人力、财力的投入往往只为了赢取几个百分点的利润，而如果我们不能提高警惕，忽视了某个细节问题，就足以使有限的利润化为乌有。

其实，我们都明白，这是一个细节取胜的年代，个人与集体要想有所成就，都离不开细节，细节之中往往潜藏着巨大的机会，但前提是你要善于观察，在细节中寻找机遇。

所以，我们每个人都要养成重视细节特别是生活细节的人，处理好这方面问题，并注重最大限度地利用好能利用的身边资源，在细节中发现新思路，开辟新领域，充分表现出个人的创新意识与创新能力，出色高效地完成学习、工作任务，提高绩效指数，让自己的发展更上一层楼，取得更大的成就。

心理支招

从《孙子兵法》中，我们应获得启示：平庸和杰出的差距就在一些细节中，一些看似不起眼的细节，却往往是从平庸到杰出的天堑。点滴的小事蕴藏着丰富的机遇。但前提是，你要懂得善于观察，开动脑筋，只有这样，才能减少细节上的失误，赢得细节上的机遇。

运用稳慎的用兵策略

孙子曰：校之以计而索其情，曰：主孰有道？将孰有能？天地孰得？法令孰行？兵众孰强？士卒孰练？赏罚孰明？吾以此知胜负矣。

这段话的意思是，我们要比较敌我双方的具体条件，以此来探查战争的胜算，要分析的部分是：敌我哪一方的君主更贤明？哪一方的将帅更有才能？谁占据天时地利？哪一方军纪严明？哪一方兵力强大？哪一方士卒训练有素？哪一方赏罚分明？通过这些分析比较就能够判断谁胜谁负了。

这里，孙子依然强调的是绝不能打无准备之仗，而对于敌我情形必须要分析透彻。自古以来所有的战斗中，成功者之所以成功，就是因为了解对手，而失败者之所以失败，重要原因之一就是对对手的忽视和轻视。所以，我们要想在较量中取胜，就要先了解对方，这才是稳慎的心理策略。

太平天国运动爆发后，曾国藩创立了湘军。他以亲友、师生、同乡为骨干，招募朴实且缺乏社会经验的农民当兵。湘军被人称为“曾剃头”。他借着督办团练的机会，截留朝廷过往的赋税、饷银，私自卖官，用于购买了一千多门洋炮，置办了三百余艘战船。一年之间，湘军陆营、水营兵力达到一万七千余人.

在太平军西征部队的进击下，绿营兵节节败退，清政府一再下令湘军增援。老谋深算的曾国藩不愿轻易冒险，一边抗旨拖延，一边加紧了湘军的军事训练。公元1853年年底，太平军攻克湖北黄州，咸丰帝不得不亲笔写信给曾国藩说已经火烧眉毛了，要他“激发天良”，出兵打太平天国。曾国藩感到军事准备已经完成，这才同意出兵作战。从此以后，湘军就成了太平军最主要和最凶恶的敌手。湘军挽回了局部战场的颓势，也给太平军以沉重的打击。

从曾国藩的用兵策略中，我们看出，要想战胜对手，就要先做好准备工作，只有找到对方的软肋，然后挖掘自己的强项，才能以强制弱，这样，胜利的概率才能大得多。

我们都知道，现代社会，竞争之激烈早已不用赘述，我们每个人都有一个或者几个对手，要想击败他们，除了积累自身实力外，还要隐藏好自己，做到知己知彼，等待时机一击即中，这样才能轻松取得胜利。

隋朝到隋炀帝年间，皇帝十分残暴，人民越来越忍受不了隋炀帝的暴行。于是，纷纷起义，甚至出现很多官员倒戈转向农民起义军的现象。因此，隋炀帝的疑心很重，对朝中大臣，尤其是外藩重臣，更是易起疑心。唐国公李渊曾多次担任中央和地方官，所到之处，悉心结识当地的英雄豪杰，多方树立恩德，因而声望很高，许多人都来归附他。这样，大家都替他担心，怕他遭到隋炀帝的猜忌。

正在这时，隋炀帝下诏让李渊去行宫觐见。而李渊此时正生病卧床，根本无法前往，隋炀帝很不高兴，产生了些许怀疑。当时，李渊的外甥女王氏是隋炀帝的妃子，隋炀帝向她问起李渊未来朝见的原因，王氏回答说是因为病了，隋炀帝又问道："会死吗？"

王氏把这消息传给了李渊，李渊更加谨慎起来，他知道迟早会被隋炀帝所不容，但过早起事又力量不足，只好隐忍等待。于是，他故意广纳贿赂，败坏自己的名声，整天沉湎于声色犬马之中，而且大肆张扬。隋炀帝听到这些，果然放松了对他的警惕。这样，才有后来的太原起兵和大唐帝国的建立。

李渊的做法是典型的韬晦之术，假如李渊当初不是自毁声誉、低调做人，而是怒火中烧或者起兵的话，恐怕会在实力悬殊、时机不成熟的情况下失败，也就不会有后来造福于黎民百姓的大唐盛世。

李渊这一境遇，自古以来，很多成功人士都遇到过。在与对手较量的过程中，他们一般都懂得隐忍，在时机不成熟、不足以与对方抗衡的的情况下，故意制造出一种假象，暗中积极准备、以奇制胜，以有备胜无备。这样做的目的是减少外界的压力，或使对方降低对自己的要求。一般情况下，他们都能出其不意，而实际的表现却又超出外界对自己的期待，这样的智慧表现就能格外出其不意，克敌制胜。而过分地张扬自己、表现自己，往往会经受更多的风吹雨打，因为暴露在外的椽子自然要先腐烂。

卡耐基曾经在媒体上说过这样一句话"尾声只是开始"，石油大王洛克菲勒认为，卡耐基是想表明成功是一个不断繁衍的过程。每一个伟大的成功者，都是用一个个小的成功把自己堆砌上去的，这是每一个创造了伟大成就的人的品质。但如何开始一个新的梦呢？应该是千方百计地掌握优势、击败对手，对此，他提出了三个策略：

第一个策略：密切注意竞争者的资源和状况，刚开始时，你可能不知道对方是什么情况，此时，你就要像狮子一样扑向他，不给他任何机会。

第二个策略：分析、研究对手的情况，然后运用各种知识，形成自己的优势；知己知彼，才能百战不殆，在了解了对方的优点、弱点、做事的风格和性格特点后，我们才能找到自己在竞争中的优势。

第三个策略：找到目标后，你就要下定决心，一定要实现它，这中间肯定会有一些限制，但你必须全力以赴。在竞争开始时更应如此。说得好听一点，这是努力取得早期的优势，希望建立独占的地位；说得难听一点，付出努力等于让别人减少一个机会。而与此同时，我们还要积极而勇猛，要有吞下鲸鱼的胆量。我相信，天才的竞争者总是由勇士来承担，这是千古不易的规律。

洛克菲勒提出的这三个规律，其实是要告诉处于竞争中的人们，对手都是有弱点的，如果我们能找到对方的弱点，那么，将会为我们省去很多工夫。

心理支招

《孙子兵法》告诉我们，与对手较量，要运用稳慎的用兵策略，在过招前，我们应该先有所准备，做足准备工作，多了解对方，了解其弱点，那么，对方一定会被你击败！

战略正确，就坚决执行到底

孙子曰："将听吾计，用之必胜，留之；将不听吾计，用之必败，去之。"

这句话的意思是：如果带兵打仗的将领听从和执行我的意见，他就会打胜战，我也会留下他；而假如这位将领不听我的，他势必会失败，我留下他也没有用。

这里，孙子强调了任何战争谋划都必须执行到底的重要性，再完美的作战计划如果不被将领执行的话，都将是纸上谈兵。然而，真正能将目标执行到底，则更需要意志力。人们常说，成大事者，必有坚忍不拔之志，胜利只属于坚持到最后的人。成功的人之所以能够成功，就是因为他们有坚忍不拔的毅力，能看到困境中的希望，并把失败化作无形的动力，从而最终反败为胜。也许我们都有自己的梦想，但无论选择什么目标，你都要有勇气，要勇往直前。在这条路上，你不但要拥有坚韧和耐心，还要做到眼光长远，坚定必胜的信念，这样即便再苦、再累，也会勇敢地与困难拼搏，那么，就一定会有所成就。

晚清名臣曾国藩曾有“三十六字诀”，其中，有这样一条：“若能坚持，必成大器。”他认为，成天下大事，必须具备三点：一为坚持，二为专注，三为渐进。

在曾国藩镇压太平天国运动后期，曾国藩自知在和太平军交手的过程中几乎没有胜利，但他坚持了下来，最终，因为太平天国内部矛盾，他胜利了。

曾国藩在大战略上的坚持，足以反映出他卓有远见。曾国藩告诉我们，坚持到底是成功者的一大特质，要小心珍藏它，但要与固执划清界限。所以，我们可以说，只要战略正确，就要坚决执行到底。

不怕吃苦的人才会有所成就。在你的人生路上，也许会沼泽遍布、荆棘丛生，也许会山重水复，也许会步履蹒跚，也许，你需要在黑暗中摸索很长时间，才能找寻到光明……但这些都算不了什么，一个人能把握自己该干什么，那么就应该勇敢地去敲那一扇扇机会之门。

然而，我们也知道，无论做什么事，都有可能遇到困难。在困难面前，大部分人会选择放弃。而只有少数人还能坚持到最后，是因为在困难面前懂得使用催眠法自我调整，他们坚定地相信自己坚持下去就一定会取得最后的成功，而大多数人却因为暂时的困难和挫折蒙蔽了自己看到希望的眼睛！

1952年7月4日的清晨，浓浓大雾笼罩整个海岸，一位34岁的妇女，从海岸以西21英里的卡塔林纳岛上涉水下到太平洋中，开始向加州海岸去。这次，如果她成功了，她就是第一个游过这个海峡的妇女，这名妇女叫费罗伦丝·查德威克。

在此之前，她是从英法两边海岸游过英吉利海峡的第一个妇女。当时，雾很大，海水冻得她身体发抖，她几乎看不到护送她的船。时间慢慢消逝，千千万万的人在电视上看着。在以往这类渡游中，她的最大困难不是疲劳，而是冰凉刺骨的水温。15个钟头之后，她浑身冻得发麻又很累。她感觉自己不能再游了，就叫人把她拉上船。

在另一条船上的她的母亲和教练都告诉她海岸已经很近了，叫她不要放弃。但她朝加州海岸望去，除了浓雾什么也看不到。几十分钟之后，人们将她拉上船。又过了几个钟头，她渐渐暖和了，这时她回忆起自己渡游的经历。不假思索地对记者说："说实在的，我不是为自己推托，如果当时我看见陆地，我能坚持下来。"其实，人们拉她上船的地点，离加州海岸只有半英里！

后来她说，令她半途而废的既不是疲劳，也不是寒冷，而是因为她在浓雾中看不到目标。查德威克小姐一生就只有这一次没有坚持到底。两个月后的一天，她成功地游过了这个海峡。她不但是第一位游过卡塔林纳海峡的女性，而且以超出两个钟头的成绩打破了男子纪录。

这一故事中的女主人公查德威克的确是个游泳好手。为什么第一次她没有游过卡塔林纳海峡，这正如她说的，因为她看不到目标，看不到终点，最终她放弃了。而在第二次的尝试过程中，她能游过同一海峡，是因为她鼓起了勇气。

对于任何人来说，在追求成功的过程中都会遇到挫折与失败。挫折是生活的组成部分，你总会遇到。世间的万事万物，无一不是在挫折中前进的。即使是灾难也不足以让你垂头丧气。有时候，可能一次可怕的遭遇会使你备受打击，认为未来都失去了意义。在这种情况下，你必须相信：灾难中也常常蕴含着未来的机遇。

也许在一些人看来，吃苦受累是失败的表现，诚然，经历苦难是一种痛苦，因为苦难常常会使人走投无路，寸步难行，苦难常常会使人失去生活的乐趣甚至生存的希望。但目标远大的人，都能看到苦难背后的力量，他们甚至认为吃苦是人生一种重要的体验和一笔千金难买的财富。

法国杰出的军事统帅拿破仑·波拿巴曾说过这样一句话："我成功，是因为我志在成功。"

拿破仑幼时的生活是十分清苦的。他的父亲是出身科西嘉的贵族，后来家道中落而一贫如洗。但他仍多方筹措费用，把拿破仑送到柏林市的一所贵族学校去求学。拿破仑破衣蔽履，常受那些贵族子弟的欺负和嘲笑。

就这样，拿破仑忍受着那些同学的作威作福，继续求学了5年之久，直到毕业为止。在这5年里，他受尽了同学们的各种欺负凌辱，但每受一次欺负和凌辱，就愈使他的志气增长一分，他决心要把最后的胜利拿给他们看。

他心里暗自计划，决定痛下苦功、充实自己，使自己将来能够获得远在那些纨绔子弟之上的权势、财富和荣誉。因此，当同伴们利用闲暇时间自娱时，他则独自苦干，把全部精力都放在书本上，希望用知识和他们一争高下。

拿破仑读书有着明确的目的，他专心寻求那些能使他有所成就的书来读。他在孤寂、闷热、严寒中，从不间断地苦学了好几年，单单从各种书籍中摘录下来的文摘，就可印成一部四千多页的巨书了。此外，他更把自己当成正在前线指挥作战的总司令，把科西嘉当作双方血战的必争之地，画了一张当地最详细的地图，用极精确的数学方法，计算出各处的距离远近，并标明某地应该怎样防守，某地应该怎样进攻。这种练习，使他的军事知识大大增加。

拿破仑的上级发现了他的才学之后，就将他升任为军事教官。从此，他逐渐飞黄腾达，直到获得全国最高的权力。

拿破仑的成功向人们证明了一点：艰难困苦中能否崛起，考验的是你的毅力，压力也会让人产生巨大的潜在力量，所以你要学会挑战自己，战胜自己，让自己面对困难和挑战，这是你前进的动力。

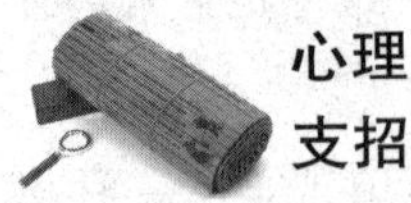

心理支招

《孙子兵法》告诉我们，一旦确定目标，就要坚决执行，并坚持到底。而很多人之所以不能迈出人生的关键一步，就是因为每当他感到压力的时候，就会一蹶不振，很难把失败的惩罚当作不断前进的新动力。不怕吃苦，执着于对的理念，总有一天你会交上好运的。

第二篇　作战篇：一鼓作气，兵贵神速

《作战篇》是《孙子兵法》第二篇，讲的是庙算后的战争动员及取用于敌，胜敌益强。在这一篇中，孙子分析了战争与国家经济的关系：战争依赖于经济，但却又是对经济的消耗。为此，孙子认为“兵贵神速”，只有制订出精确的作战计划，做到速战速决，才能将战争带来的伤亡降到最小。而现实生活中的人们，无论是进行商业活动，还是自身发展，都要注重速度的重要性，并制订出具体的操作计划，以此来达成目标、获得成功。

作战篇——孙子谈战争与经济

孙子曰：凡用兵之法，驰车千驷，革车千乘，带甲十万，千里馈粮。则内外之费，宾客之用，胶漆之材，车甲之奉，日费千金，然后十万之师举矣。

其用战也胜，久则钝兵挫锐，攻城则力屈，久暴师则国用不足。夫钝兵挫锐，屈力殚货，则诸侯乘其弊而起，虽有智者不能善其后矣。故兵闻拙速，未睹巧之久也。夫兵久而国利者，未之有也。故不尽知用兵之害者，则不能尽知用兵之利也。

善用兵者，役不再籍，粮不三载，取用于国，因粮于敌，故军食可足也。国之贫于师者远输，远输则百姓贫；近师者贵卖，贵卖则百姓财竭，财竭则急于丘役。力屈、财殚，中原、内虚于家，百姓之费，十去其七；公家之费，破军罢马，甲胄矢弓，戟盾矛橹，丘牛大车，十去其六。故智将务食于敌，食敌一钟，当吾二十钟；萁秆一石，当吾二十石。故杀敌者，怒也；取敌之利者，货也。车战得车十乘以上，赏其先得者而更其旌旗。车杂而乘之，卒善而养之，是谓胜敌而益强。

故兵贵胜，不贵久。

故知兵之将，民之司命。国家安危之主也。

这段话的意思为：

孙子说：在准备战争前，在物资上的准备有：千辆轻车，千辆重车，武装到位的几十万士兵，并且要向战场上运送充足的粮食。也就是说，战争中，前方和后方的开支有：款待使节、策士、保养和维修武器、战车的保养等，也就是每天的财富支出都要千金左右，只有以这样的标准来准备战斗，十万大军才算是做好了战斗的准备。

因此，作战中，一定要力求速胜，时间拖得越久，军队物资越匮乏，士气也会减弱，最后兵力只会耗尽，如果长期在外作战，国家的整体经济实力也会受损。军队长期失败也会消耗士气，军事实力也会减弱，此时，必然会内忧外患，其他诸侯必定会趁火打劫，这样，即使是那些谋略家大概也无力回天了。所以，在实际作战中，我们只听说过因为将领缺乏才能而难以速胜，却没有见过指挥高明巧于持久作战的。持久战而对国家有利的事，确实从来没有出现过。所以，不能详细陈述持久战带来的害处，就不能全面地了解用兵的益处。

善于用兵的人，不必多次征集士兵，不必多次运动粮草。他们可以做到：由国家提供武器，而粮草可以从敌人拿来获取，这样，军队就不必为粮草不足而担忧了。一些国家之所以因战争而导致贫困，是因为他们的军队长期远征，所以，不得不长途运送粮草。长途运输必然导致百姓贫穷。而军营周围必定物价飞涨，物资资源也就会出现匮乏的情况，国家的赋税也就不得不加重。在战场上，军队的力量被耗尽，而国内资源也匮乏，民不聊生，人们的私人财产减少了七成，而国家的财产，因为车辆损耗、马匹疲惫，一些武器，诸如，盔甲、弓箭、矛戟、盾牌、牛车等，会失去六成，因此，真正有智慧的将军，一定会就近在敌国解决粮草问题。从敌国搞到一钟的粮食，就相当于从本国启运时的二十钟，在当地取得饲料一石，相当于从本国启运时的二十石。所以，要让士兵奋勇杀敌，就要激怒他们，而要想夺取敌军的粮草物资，就要拿这些来奖励士兵。所以，在车战中，如果能抢到敌军十辆以上军车的，就奖励那个最先抢到的士兵。而夺得的战车，就要迅速换上我方的军旗，并将得来的军车编入我方军队。另外，要善待俘虏，使他们有归顺之心。这就是战胜敌人而使自己越发强大的方法。.所以，对于作战来说最为重要的就是速胜，最不宜的是打持久战，真正深谙用兵之道的将帅，他们掌握了民众的生死和国家的存亡。

心理
支招

《作战篇》讲的是庙算后的战争动员及取用于敌，胜敌益强。“作”是“制造”“兴起”之意。“作战”这里不是指战争，而是指战争前的准备和筹划，属于“未战而庙算”的范畴。本篇继《始计篇》之后，在“慎战论”思想的指导下，着重分析了战争与经济的关系，战争依赖于经济，但会对经济造成一定程度的破坏。

在最短的时间内抢占市场

孙子曰：“故兵贵胜，不贵久。”

这句话的意思是，行军打仗，重在速胜，而不能打持久战。

孙子这句话强调了速度在作战中的重要性，打持久战只会费时费力，损耗经济。同样，在我们现实生活中，尤其是在市场经济环境下，我们也要明白“兵贵神速”的道理，要在最短的时间内抢占市场。

当今社会，市场竞争异常激烈，市场风云瞬息万变，市场信息流的传播速度大大加快。我们都在寻找可以投资的市场，可以说，谁能抢先一步获得信息、抢先一步做出调整以应对市场变化，谁就能捷足先登，独占商机，获得财富。

我们都知道，犹太人以具备超人的经商智慧而出名，他们经商的秘诀一直为外界揣度，其中为我们公认的一点就是以速度取胜，犹太人认为一个人经商是否成功，至少有80%是与出击速度相关的，这样可以先人一步、先拔头筹。

犹太巨富罗斯柴尔德的三儿子尼桑，年轻时在意大利从事棉、毛、烟草、砂糖等商品的买卖，很快便成了大亨。这位商业传奇式人物的聚富故事一直为人称道，但最使人称奇的是，仅仅在几小时之内，他就在股票交易中赚了几百万英镑。

不可否认的是，谁都想致富，这就是竞争激烈之原因。然而，与那些实力相当者角逐，我们必须要学会保持领先地位，其关键点就在于谁的速度快，谁能在最短的时间内发挥出自己的优势，谁就能独占鳌头。

现实生活中，常听人感慨说“市场不好”“买卖难做”，实际上，只有不成功的经营者，而不存在不好做的市场。特别在科技发达的今天，要想比别人快半拍，方法众多，有些人采取的是技术领先，有些人胜在信息渠道众多，但无论如何，只要你在某一方面是他人无法企及的，你就掌握了取胜的武器。日本的索尼公司就是不断推出新产品，经常享受“垄断”所带来的厚利而成长起来的。

然而，现实生活中，为什么有些人无论怎么努力，却总是被被人踩在脚下，因为他们总是掉在队伍后面，也不奋起直追，这就注定了这类人无法成大事。

洛克菲勒先生曾说过一个抢占石油市场的经历：

在洛克菲勒进军石油界的第三年，炼油商们又在宾州布拉德福发现了一个新油田，于是，负责标准石油公司输油管业务的丹尼尔·奥戴先生便迅速带领他的团队扑向那个财富之地。

开采石油的那些人已经疯狂了，他们不分昼夜地开采，希望可以带着大把大把的钞票离开。也就是说，奥戴先生的管道和工人根本不够用。

此时，洛克菲勒站出来，对奥戴先生提出了建议，希望他能警告那些采油商，因为他们的开采量和开采速度已经远远超过了他们的运输能力，这样减慢开采速度，才不会导致这些黑金变成一文不值的粪土。然而，无论洛克菲勒怎么苦口婆心地劝说，傲慢和争强好胜的奥戴就是不为所动。

就在此时，洛克菲勒的竞争对手波茨动手了，他先在几个重要的炼油基地收购洛克菲勒的炼油厂，接着，他又开始在布拉德福德抢占地盘，铺设输油管道，要将布拉德福的原油运到自己的炼油厂。

洛克菲勒意识到自己再不出手就晚了，于是，这一天，他来到宾州铁路公司大老板斯科特先生的家里，并直言不讳地把事情的利害告诉了他，但这位斯科特先生也是个固执的家伙，他对波莰的行为表示置之不理。无奈，洛克菲勒决定亲手向自己的这个敌人宣战。

首先，洛克菲勒解除了与宾州铁路的所有业务往来，而将自己的运输业务转给了另外两家支持他的铁路公司，在削弱他们力量的同时，他还关闭了与宾铁的全部业务往来，指示部属将运输业务转给一直坚定地支持他们的依赖于帝国公司运输的在匹兹堡的所有炼油厂；随后指示所有与帝国公司竞争的己方炼油厂，以远远低于对方的价格出售成品油。

在这样的措施下，斯科特不得不臣服，尽管他很不情愿。

洛克菲勒的措施自然会引发对方的反击，为了打击洛克菲勒，他们把业务转手给洛克菲勒的竞争对手，并且，还倒贴对方很多钱，无奈，只好裁员、削减公司，这引发的是工人们的极大不满，最终，这些愤怒的工人们一把火烧了几百辆油罐车和一百多辆机车，逼得他们只得向华尔街银行家们紧急贷款。

就这样，这一年，他们不但没有挣钱，反倒损失惨重。

洛克菲勒的竞争对手波莰先生是个很有魄力的军人，他不愿意妥协，但是，他也是个识时务的人，最终，他决定不再与洛克菲勒竞争，而选择了讲和，停止了炼油业务。几年后，他还成了洛克菲勒属下一个公司积极勤奋的董事。真是个精明又滑得像油一样的油商！

洛克菲勒曾直言不讳地说："成功驯服这些傲慢的犟驴，我的心都在跳舞。"而他之所以能做到这点，就是因为他先人一步的魄力，决不让主动权流落在对手手里。

可能每个生意人都知道一个道理：先人一步，在财富上也能领先一步。那些成功的人之所以能成功，也是因为他们眼光独特，他们抓住一些市场契机，满足了人们的需求，比如，第一家饭店，第一间咖啡屋，第一家桌球室，第一个炒股……用他们的话讲：开档就有钱，弯腰就见钱。

总之，任何一个创业者，都应该有与时俱进的学习心态和超前意识，要学会预测市场潜在需求，懂得捕捉发展的商机，避开他人已经暖热的市场，才能大大提高自己的竞争力。

心理
支招

孙子告诉我们，在市场经济的今天，致富如同打战，兵贵神速，我们虽然都不能独占市场，但真正能赚取财富的往往是那些“动作迅速”的“先人”，“先入为主”就能占领市场的领先地位。渴望致富的穷人们，如果不敢独立思考，而只是附和别人，那么，最终，你只能与那些“带头人”分一杯羹。

心系责任，使命感第一

孙子曰：“故知兵之将，民之司命。国家安危之主也。”

这句话的意思是，那些真正掌握和了解行军打仗之谋略的将帅，必定主宰着民众的生死和国家的安危。

这里，孙子强调的不仅是战争胜利对于国家兴衰存亡的重要性，更阐述了一个将帅要心怀天下、心系责任，将民众生死和国家存亡放在心上，以此作出的每一个计划和决定才是谨慎的。

从孙子的话中，我们也当有所启示，不但是那些国家将才、企事业的领导者，我们社会生活中的每一个人，也要有自己的责任和使命。然而，每个人对于自己所承担的责任的意识是不同的，例如，面对学习，有人有一种自觉的意识，学无止境，只有不断努力充实自己，才能面对各种各样的竞争；但却有一些人得过且过，最终被社会竞争淘汰。同样，面对工作，一些人尽职尽责，做好每个细节上的工作；但也有一些人，玩忽职守、心不在焉甚至以权谋私，这其中就反映出人们工作责任心的强弱。道德的根本问题在于调节个人利益与社会整体利益的关系。因此，责任心的强弱能够反映出一个人品德的优劣。

在中国的古战场上，曾经流传过这样一个故事：

大雪纷飞的一天，一场战斗还在进行中。在这场战斗中，发生了这样一个故事：

一名军官带着自己剩下的几名士兵继续守护自己的城市，但不幸的是，他很快听到消息，敌军马上又要来攻打这座城池，而凭他们的实力，是撑不了多久的，为此，他决定派自己的一名信得过的士兵去另外一座城市求援。在接到命令后，这位士兵马不停蹄地赶往另一座城市。

在半路，士兵却遇到了一个难题，天马上要黑了，温度也降了很多，前面的湖面一个人都没有，任何船家都回去了，他只得在这里等候，看看有没有出没的船只。

天真的黑了下来，这个士兵很害怕，瑟瑟的风吹着，他冷得缩成了一团，天又开始下雪了，还越下越大，他暗暗祈求：上天啊，求你再让我活一分钟，求你让我再活一分钟！当他就快撑不住的时候，他看到，天亮了。

他牵着马来到河边，眼前的一片景象让他欣喜若狂，那条原本阻碍他的大河已经结成了冰。他试着在河面上走了几步，发现冰冻得非常结实，他完全可以从上面走过去。士兵欣喜若狂，就牵着马从上面轻松地走过了河面。城市就这样得救了，得救于士兵的忍耐和等待。

作为一名军人，他的使命就是人民、国家的安危，正是因为认识到自己的使命，这名士兵才能忍得旁人难以忍受的东西，经受住各种考验，最终他以超强的意志力战胜了寒冷和绝望，拯救了自己，也拯救了人民。

但其实，责任心的培养，最终目的还是要让一个人学会担当，“担当”的意思是：接受并负起责任。意在强调行动的重要性。

一天，某户人家的门铃响了，开门的是男主人公汤姆。

汤姆发现，一个十来岁的小男孩站在门口，并且，他开始自我介绍：“你好，先生，我的名字叫亨利。”然后，他指着斜对面那栋漂亮的房子，告诉汤姆那是他家。

然后他问：“我可以帮你剪草坪吗？”汤姆打量了一下这个小男孩，他身材瘦小，他再看看自己家的花园，有前后院，还有个大草坪，不过，既然是他主动要求做，就点点头说：“好啊！”

随后，男孩很高兴地推来剪草机，开始工作。他把笨重的机器推来推去，剪得相当整齐。

等他剪完所有的草后，按照事先说定的金额，汤姆给了他10美元的报酬，但汤姆很好奇的是这小男孩为什么要挣钱。对此，男孩说："上个星期我过生日，爸爸送我半辆自行车的钱，我要赚另一半的钱。如果下个星期再让我给你剪草坪，我就可以去买了。"

从那以后，汤姆家剪草的工作就被男孩承包了。慢慢地，附近几家的草坪也都包给他去做……

的确，一个人最重要的品质之一就是责任感，事业有成者，无论做什么，都力求尽心尽责，丝毫不会放松；成功者无论做什么职业，都不会轻率疏忽。这就是一份责任。

总之，人是一种社会性的动物，责任是一种对人的制约，所谓责任心，是指个人对自己和他人，对家庭和集体，对国家和社会所负责任的认识、情感和信念，以及与之相应的遵守规范、承担责任和履行义务的自觉态度。为此，要成为一个心系责任的人，你需要做到：

1.从生活中的小事做起，帮助周围的人。

生活中，我们都会遇到一些难以解决的困难、问题，此时，我们也都希望能得到他人的关心和帮助。但如果我们平时以冷漠的态度示人，别人又怎么会在你需要帮助的时候伸出援手呢？因此，想要他人相助就需先助人，如果我们每个人都能主动关心、帮助他人并形成一种助人为乐的品质，那么，还用担心自己是"孤家寡人"吗？

2.尽一份对家庭的责任。

曾经有篇报道，叙述了一个16岁的农村少年，以优异的成绩考入了师范学校，面对着瘫痪在床无人照顾的父亲，无奈之下卖掉了全部家产，背着父亲走进校门，开始了漫长而艰辛的求学之路。

一个"背"字，不仅体现了父子之情，也体现了孩子对家庭的责任，这个少年就是"担"起了家庭的责任。

3.遵纪守法。

俗话说：没有规矩，不成方圆。我们都要做到，要懂法、知法、护法，用法律来约束自己的行为等。而在学校，也要遵守纪律，对一个公民来说，是否自觉维护公共场所秩序，纪律观念、法制意识强不强，体现着他的精神道德风貌。

心理支招

孙子告诉我们，除了那些身兼重任的将才之外，我们每个人都肩负着责任，对工作、对家庭、对亲人、对朋友，我们都有一定的责任，正因为存在这样或那样的责任，才能对自己的行为有所约束。

稍作等待，打打持久战拖延对方

孙子曰："其用战也胜，久则钝兵挫锐，攻城则力屈，久暴师则国用不足。"

这段话的意思是，军队作战最好速战速决，一旦拖久了就有可能导致军队疲惫、挫失锐气。一旦攻城，则兵力将耗尽，长期在外作战还必然导致国家财用不足。

孙子这段话告诉我们打持久战的危害，必当损耗人力、财力、物力。然而，反过来看，如果我们希望空耗对方，就可以采取打持久战的方法，要知道，很多时候，谁能坚持到底，谁就能笑到最后。

在商界流传着这样一个故事：

有三个日本人，作为日本的某家航空公司的采购代表来到美国，准备和一家飞机制造公司谈判，希望能以合理的价格买进一批材料。

当然，美方也不示弱，他们为了能赢得利益，也挑选了一批谈判精英来参加这次谈判。美方的聪明之处在于，谈判开始后，他们并不是采取常规交涉的方法，而是用产品说话，采取了一系列的产品攻势。

谈判室是美方提供的，为此，他们似乎更具有优势，他们在谈判室里挂满了许多产品图像，还印刷了许多宣传资料和图片。他们用了两个半小时，三台幻灯放映机，放映了好莱坞式的公司介绍。他们很聪明，按照常规意义来说，他们这样做，一是要加强自己的谈判实力；二是想向三位日本代表作一次精妙绝伦的产品简报。可是，奇怪的是，那三个日本代表，在整个放映过程中，日方代表静静地坐在里面，全神贯注地观看。

一番介绍加上放映后，美方高级主管得意地站起来，转身向三位显得有些迟钝和麻木的日方代表说："请问，你们的看法如何？"

不料一位日方代表说："我们还不懂。"这句话大大伤害了美方代表，他的笑容随即消失了，一股莫名之火似乎正往上顶。他又问："你们说不懂，这是什么意思？哪一点你们还不懂？"另一位日方代表彬彬有礼、微笑着回答："我们全部没弄懂。"美国的高级主管又压了压火气，再问对方："从什么时候开始你们不懂？"第三位代表严肃认真地回答："从关掉电灯，开始放幻灯简报的时候起，我们就不懂了。"这时，美国公司的主管感到严重的挫败感。

为了商业利益，美方主管又重放了一次幻灯片，而且明显放慢了速度，但日方代表还是一直摇头，美国的高级主管一下子泄气了，显得心灰意冷、无可奈何。他对日方代表说："那么……那么……那么你们希望我们做些什么呢？既然我们所做的一切你们都不懂。"这时，一位日方代表慢条斯理地将他们的条件说了出来，他说得如此慢，以致美国高级主管像回答询问似的，毫无斗志地斜坐在那里，稀里糊涂地应答着，他的思维已经紊乱了，信念被摧毁了，根本未作什么有效反应。

结果，日本航空公司大获全胜，成果之大，连他们也感到意外。

这三名日本代表是聪明的，他们利用的就是美方不能坚持到底的这种心态，然后做了一点小小的"手脚"，让交涉对方自乱方阵，当得意的美方代表产生挫败感、显得心灰意冷的时候，他们的目的也就达到了，此时，他们提出自己的条件，对方已经毫无招架之力。日方代表在这样一个强势的美方制造商面前，并没有认输，而是耐心地等待，最终看到了曙光并取得了胜利。而从美方代表来看，他们因为没有耐心而输了这场谈判。

曾经有这样一个寓言故事：

在英国伦敦的郊外，有只叫多利的小狗，它很聪明，它不需要主人的照料，于是，主人就让它在郊外出入自由。

某天，多利出去玩时忘记了时间，等天黑下来时，它才慌慌张张地开始往家里跑。可是由于月黑风高，它到底还是迷失了方向。最后，它居然不小心跑到一群狼中间。

多利认识到自己已经处于危险的境地了，它很害怕，但很快，它冷静了下来，要想使自己免于杀身之祸，就要隐藏好自己，所以它决定，不管遇到什么情况，都绝不开口透露自己的任何信息。

果然，在接下来的两三天里，多利一直保持沉默不语，显得非常深沉。可是终于有一天，一只高大的狼看到了它与自己不太一样的地方，于是便满脸疑惑地问它："你是我们的同类吗？我怎么感觉你跟我们有点不一样呢？"

听到问话，多利紧紧地闭着嘴巴，故作深沉地点了点头，以免一开口就被对方听出自己声音的特别。然后，它又像一直以来那样，把若有所思的眼光投向了遥远的地方。那只高大的狼见多利只点头不说话，心里更加疑惑了。晚上，它把自己的怀疑告诉了狼王。狼王因为在一次战斗里受过伤，视力不好，生怕别人在心里笑他，就说："它不是狼是什么？"

高大的狼歪着脑袋瞅了多利半天，忽然指着它的尾巴对狼王道："你看，它的尾巴和我们不一样呢！"

由于身体的缘故，狼王已经不如当年那样凶猛，它更害怕狼族有部下不听自己的话，所以平时总爱夸大自己的战功，以博得群狼的尊重。今天见这只高大的狼一直在给自己出难题，狼王灵机一动说道："这没什么，它的尾巴就是那次和我并肩作战时受伤的，因此你们应该多尊敬它才是。"

这下，高大的狼再也不敢说什么了，而迫于狼王的威望，其他的狼也都装出了对多利毕恭毕敬的样子来。

又过了3天，多利终于找机会逃离了狼群，重新回到了农夫的家。完全安全之后，多利感慨万千地叹道："都说事实胜于雄辩，在我看来，沉默更胜于事实啊！"

这个故事中，多利因为适时的沉默救了自己。同样，人类社会，也是竞争激烈，在一些危急时刻尤其是性命攸关的时候，选择等待要比出击更能保护自己，它能帮你守护住某方面的信息缺失，是避免不必要风险的一种好办法。

我们不难发现，我们生活的周围，有一些人，他们做事急躁、三分钟热度，对于这些人，他们必须培养自己的意志力，要懂得思考，要用睿智的大脑去判断，事情都有多面性。你要从危机中看到转机，不妨多等一等，俗语说“功到自然成”，时机未到，成功是不会向你招手的，“坚持就是胜利”的道理恐怕每个人都懂，但真正能做到的人其实不多，这是需要安静等待的耐心和自我控制力，要知道，真正的赢家往往是那些笑到最后的人！

心理支招

孙子告诉我们，以静制动是智慧的表现，也是你打败对手的无声“武器”，为此，我们做事绝不可鲁莽，要静待时机，不妨打打持久战，而你们要做的就是坚持！

鼓舞士气，冲锋陷阵

孙子曰：“故杀敌者，怒也；取敌之利者，货也。车战得车十乘以上，赏其先得者而更其旌旗。”

这段话的意思是，要想让士兵奋勇杀敌、冲锋陷阵，就必须激励他们，把他们愤怒，而要使士兵勇于夺取敌方的军需物资，就必须以缴获的财物作奖赏。所以，在车战中，抢夺十辆车以上的，就奖赏最先抢得战车的。

这里，孙子强调了士气对于作战胜利的重要性，为此，他建议军队将领要重视士兵的积极性，只有善于激励他们，对他们进行奖赏，才能鼓舞士气。这一点，对于现代企业中的领导者很有启示作用。

现代企业里，领导者就是通过调动他人工作积极性来完成工作的人，领导者在企业中的位置就如同一个家长一样，而每一个员工就是家庭成员。一个家庭，只有做到“家和”，才能“万事兴”。同样，一个企业的发展，贵在人和。要人和，就离不开“暖意融融”的人文关怀。而作为企业的大家长，领导者只有正确把握方式方法，坚持用真诚、平等、温暖的情怀去管理，才能让人感觉到春天般的希望，才能使全“家”上下具有共同的奋斗目标和价值追求，对家有强烈的归属感和认同感，对组织有充分的信任感和依托感。如此这般，才能人人心情舒畅，保持春天般积极向上的心态，齐心协力干事创业，进而推动企业繁荣发展。

任何一个领导者，都承担着为企业和组织甄选人才，从而提高企业竞争力的任务。然而，能否实现这一工作目标则取决于领导者是否能充分调动、挖掘出被管理者的积极性。

管理者的鼓舞对下属自信心的建立是有极大的帮助作用的，我们再来看下面这样一个职场故事：

汤姆是个害羞、自卑的年轻人，他身材矮小，学历很低，中学毕业后，经过家里人的介绍，他到现在这家食品公司工作。说实话，他之所以会接受这样一份工作，刚开始只是为了获得一份薪水。但经过一件事之后，他彻底改变了自己的工作态度。

有一次，集团董事长深入到车间，来到现在这家食品公司视察，这位董事长走到汤姆的工作台的时候，无心说了一句：“小伙子，工作态度不错，工作台这么干净、整洁，加油……”

三年后，集团召开高层领导会议，坐在董事长旁边的，就是当年的汤姆，如今的他已经是这家食品公司的总经理了。改变他的，就是这句无心的话，他第一次尝到了被人肯定的甜头，于是，他开始努力工作……

是什么改变了这个找不到人生目标、颓废、自卑的年轻人？是上级领导的鼓舞！虽然是一句无心赞赏的话，但却表达了对他的肯定，这就是激励的作用。

事实上，在中国古代，不少明主贤臣也早都认识到关心和尊重下属在管理团队中的重要性，以善于识人用人而出名的曾国藩就深谙这一点。

曾国藩告诉周围的朋友，希望他们能给自己多推荐人才，而在平时，他做得最多的一项工作就是发现和网罗人才。

曾国藩听说彭玉麟是贤德之士，但当时彭玉麟刚刚丧母，所以需要守孝，不肯出山。曾国藩三番五次写信请求他助自己一臂之力，希望他能为朝廷出一份力。后来，彭玉麟终于被他的情意打动，决定投奔他。

曾国藩认为，驾驭下属的方法，最重要的是开诚布公，而不是玩弄权术。诚心诚意地对待别人，渐渐地就能打动他人，让他人为我所用。即使不能让他们全心全意地为我效力，也必然不会有先亲近而后疏远的弊端。光用智谋和权术去笼络别人，即使是驾驭自己的同乡都是无法长久的。

同样，现代社会，凡是具有蓬勃生命力的企业，都有一套能让员工从内心自然接受的管理手段。为此，我们要做到：

1.重视人的因素，尊重员工。

企业领导者应该把员工当成企业的合作者，而不是创造利润、创造效益的工具，他们也应该受到尊重。

而尊重员工的多半体现在对员工需求的满足程度上。领导者有必要合理地设计和实行新的员工管理体制，并将这种尊重员工的观念落实在企业的制度、领导方式、员工的报酬等具体管理工作中。

2.经常与员工交流，聆听员工的心声。

有些领导者有强势作风，这对于果断、迅速地解决问题是有帮助的，但另一方面也会使管理人员听不进他人意见而导致一意孤行甚至决策失误。

在管理工作中，领导者是否能倾听员工的心声也关系到员工积极性是否能被激发。可想而知，一个人的思想若出了问题，还怎么能卓越地完成任务呢？因此，作为管理者，要经常与员工沟通，一旦发现问题，就应耐心地去聆听他的心声，找出问题的症结，解决他的问题或耐心开导，才有助于管理目标的实现。

3.信守每一个对员工许下的诺言。

作为领导者，可能你日理万机，也许你已经不记得曾经答应过某个员工某件事，或者你觉得这件事对于你来说根本不重要，但员工会记住管理者答应他们的每一件事。身为领导者，你的一言一行都会对他人产生或轻或重的影响，如果许下了诺言，就应该对之负责。如果不能实现这一诺言，那你必须要向员工解释清楚。如果没有或者不明确地表达变化的原因，员工会认为管理者食言，如果这种情况经常发生的话，员工就会失去对你的信任。

4.给员工发表意见的机会。

实际上，这也是领导者尊重员工的一种体现。你要把员工当成企业的一分子，在企业决策上，也应该征求他们的意见，倾听员工的疑问，并针对这些意见和疑问说出自己的看法：什么是可以接受的，什么是不能接受的，理由何在等。如果你遇到了困难，那么，你应该告诉员工，你需要他的帮助。

5.表彰奖励。

这是员工工作态度、能力的一种显现。奖励员工能激发他们更积极的工作热情。但你需要注意的是，表彰奖励员工，必须是公开的，否则，很容易引起其他员工的猜忌，也不能达到它本身的效果。除了奖励标准需要公开，你的态度也应该是诚恳的，不要做得太过火，也不要巧言令色。奖励的时效也很重要，要多奖励刚刚发生的事情，而不是已经被遗忘的事情，否则会大大减弱奖励的影响力。

总之，要有效地调动员工的积极性和创造性，必须综合发挥以上几个方面的作用，才能取得良好的效果。

心理支招

孙子告诉我们，管理工作中，领导者要善于启发、鼓舞下属，那么，不仅能获得下属的信服，树立在下属中的威信，还能真正调动下属的工作积极性，那么，工作效率在无形中便提高了，也就达到了管理的根本目的。

逆向思考，倒过来看问题

孙子曰：“善用兵者，役不再籍，粮不三载，取用于国，因粮于敌，故军食可足也。”

这句话的含义是，善于用兵的将领，不会多次征用士兵，也不需要后方多次运送粮草。武器装备确实需要后方供应，而粮食从敌人夺取就够了。

这里，孙子告诉我们应该倒过来看问题，行军打仗，后方供应粮草是常理，但他却认为可以从敌军手中夺取，而这样，不但解决了军需不足的问题，还能消耗对方的实力，最终做到速战速决，克敌制胜。这一点，与我们在日常生活中提到的逆向思维有异曲同工之妙。

生活中，可能你已经习惯沿着事物发展的正方向去思考问题并寻求解决办法。其实，对于某些问题，尤其是一些特殊问题，从结论往回推，倒过来思考，从求解回到已知条件，反过去想或许会使问题简单化。

“二战”期间，反犹主义和纳粹党横行的时候，有一天，一对纳粹分子闻风来到柏林郊区的一户人家，抓走了这个犹太家庭的丈夫，而留下了家中非犹太血统的妻子。随后，妻子到处走动，通过各种关系终于和监狱中的丈夫取得了联系，并给他写了信，信件的大致内容是，因为丈夫不在家，家里缺少务农的人手，这一年可能就要错过耕种马铃薯的时节了。

那么，怎么办？犹太血统的丈夫果然聪明绝顶，接下来，他给家中的妻子写了一封信：“不要耕地了，我已经在地里埋了大量的炸弹和炸药。”这些信件自然要经过纳粹分子的手，之前抓他的人开着车来到他家的地里，然后费尽功夫将整片地都翻了个遍，也没有找到炸药。妻子将这件事写信告诉了丈夫，丈夫回信说：“那就种马铃薯吧！”

从这则小故事中可以看出，犹太人的智慧展现得淋漓尽致。他们就是有本事能将一条条死路，经过大脑思考后走成活路，这不是一般人可以做到的，但是犹太人做到了。精明的商人应该学习犹太人的生意经，能在众多商家共同走的路上寻找出一条适合自己的道路。有时候反弹琵琶会收到意想不到的效果。

我们再来看一个关于逆向思维的经典小故事：

从前，有个理发师傅收了一个徒弟。徒弟学艺 3 个月后出师了。师傅让他正式上岗。他给第一位顾客理完发，顾客照照镜子说："头发留得太长。"徒弟不语。师傅在一旁笑着解释："头发长使您显得含蓄，这叫藏而不露，很符合您的身份。"顾客听罢，高兴而去。

徒弟给第二位顾客理完发，顾客照照镜子说："头发留得太短。"徒弟不语。师傅笑着解释："头发短使您显得精神、朴实、厚道，让人感到亲切。"顾客听了，欣喜而去。

徒弟给第三位顾客理完发，顾客边交钱边嘟囔："剪个头花这么长的时间。"徒弟无语。师傅马上笑着解释："为'首脑'多花点时间很有必要。您没听说：进门苍头秀士，出门白面书生！"顾客听罢，大笑而去。

徒弟给第四位顾客理完发，顾客边付款边埋怨："用的时间太短了，20分钟就完事了。"徒弟心中慌张，不知所措。师傅马上笑着抢答："如今，时间就是金钱，'顶上功夫'速战速决，为您赢得了时间，您何乐而不为？"顾客听了，欢笑告辞。

故事中的这个师傅，能说会道，巧妙地运用了逆向思维，在几种截然不同的情况下，都能帮助徒弟转危为机，从而使徒弟摆脱了尴尬，让顾客满意离去。

的确，思路一变天地宽，很多时候，在你看来似无路可走的情况下，只要你能转换思考的角度，你就能找到出路。

某时装店的经理不小心将一条高档呢裙烧了一个洞，其身价一落千丈。如果用织补法补救，也只是蒙混过关，欺骗顾客。这位经理突发奇想，干脆在小洞的周围又挖了许多小洞，并精于修饰，将其命名为"凤尾裙"。一下子，"凤尾裙"销路顿开，该时装商店也出了名。

逆向思维带来了可观的经济效益。无跟袜的诞生与"凤尾裙"异曲同工。因为袜跟容易破，一破就毁了一双袜子，商家运用逆向思维，试制成功无跟袜，创造了良好的商机。

关于运用逆向思维，人们需要掌握以下三大类型：

1.反转型逆向思维法。

这种方法是指从已知事物的相反方向进行思考，产生发明构思的途径。“事物的相反方方向”常常从事物的功能、结构、因果关系三个方面作反向思维。比如，市场上出售的无烟煎鱼锅就是把原有煎鱼锅的热源由锅的下面安装到锅的上面。这是利用逆向思维，对结构进行反转型思考的产物。

2.转换型逆向思维法。

这是指在研究一问题时，由于解决某一问题的手段受阻，而转换成另一种手段，或转换角度思考，以使问题顺利解决的思维方法。如历史上被传为佳话的司马光砸缸救落水儿童的故事，实质上就是一个使用转换型逆向思维法的例子。由于司马光不能通过爬进缸中救人的手段解决问题，因而他就转换另一手段，破缸救人，进而顺利地解决了问题。

3.缺点逆用思维法。

这是一种利用事物的缺点，将缺点变为可利用的东西，化被动为主动，化不利为有利的思维发明方法。这种方法并不以克服事物的缺点为目的，相反，它是将缺点化弊为利，找到解决方法。如金属腐蚀是一种坏事，但人们利用金属腐蚀原理进行金属粉末的生产或进行电镀等其他用途，无疑是缺点逆用思维法的一种应用。

心理支招

孙子认为，只要善用智慧的力量，转换思维，就能做到在战争中借鸡生蛋，克敌制胜。我们不得不承认，这个社会大多数人还是选择跟随主流方向走的，那些与人群相逆的人，常被视为不入流的傻帽。然而，正如真理往往掌握在少数人手里一样，财富与成功也往往掌握在少数人手里。那些少数的“笨蛋”，那些从来不按套路出牌的“笨蛋”，就是他们享受着财富和成功的青睐。

善待敌人，是让自己强大的方法

孙子曰：“卒善而养之，是谓胜敌而益强。”

这句话的意思是，要善待俘虏，使他们有归顺之心。这就是战胜敌人而使自己越发强大的方法。

这里，孙子告诉了我们对待敌人的方法——善待他们，这是让自己越发强大的方法。的确，我们都知道，无论是战争还是人际间的较量，能否获胜，不单单取决于他们自身的实力，更取决于博弈各方实力对比所形成的关系。然而，很多时候，我们也发现，这种关系并不是一成不变的，甚至是可能相互转化的。对手也可能变成盟友。

也许曾经的你受到师长的嘱托：结交朋友，一定要亲近贤人，远离小人，不错，这是结交朋友的原则，结交到益友，即可成为你生命中的贵人，助你在事业上成功。但事实上，敌人和朋友之间也没有绝对的界限，今日的朋友可能明日就成为你在商业上的敌人，今日的敌人也可能日后在事业上助你一臂之力，成为你的朋友。因此，年轻气盛的你，做人要懂得圆润通达，不可认死理，要善待你的敌人，因为他随时可能成为你的贵人。

马超乃东汉末年军阀、蜀汉名将。马超曾在东川张鲁手下任职。

一次，奉张鲁之名，马超带兵攻打刘备入川以后占领的葭萌关。而蜀军军师诸葛亮让张飞出战，两人武艺不相上下，实力也相当，二百回合下来，并未分出胜负。夜里，二人继续对战，还是难决高下。

两难境地下，诸葛亮为刘备献上一计，巧妙降服了马超。

张鲁的谋士是杨松，此人已被刘备收买。刘备让杨松在张鲁军中放假消息，说马超想造反。张鲁便开始怀疑马超，进而给马超一个死命令：一个月之内拿下西川，将刘备打退。马超深知，这是个不可能完成的任务。很明显，马超已经陷入进退两难的境地。

这时，刘备找来跟马超素有来往的李恢前去做说客，希望能把马超收为己用。李恢来到马超营寨前，马超对部下说：“李恢是个嘴皮子很厉害的人，他这次前来，肯定是来游说的，过会儿，你们埋伏在帐篷外，让你们砍，你们就给我把他剁成肉酱！”不一会儿，李恢还是进来了，马超威严地坐在军帐里，呵斥说：“你来干什么？”李恢说：“特意来做说客。”

马超说：“你看我手里的武器，兵刃都是新磨的，我先听你说说看，不在理的话，我可就拿你试试我的新兵器了。”李恢笑着说：“将军的灾祸不远啦！”马超说：“我有什么祸？”李恢说：“将军和曹操有杀父之仇。进不能帮着刘璋打败刘备，退又没法制服杨松跟张鲁见面。你现在进退两难，无法抉择，你唯有主公可以依靠。如果再失败了，有什么脸见天下人？”

马超听了叩头拜谢，说：“您说得太对了，只是我走投无路。”李恢说：“刘皇叔重视结交人才，他必成大业。您的父亲跟刘备共同声讨过曹操，您为什么不弃暗投明？这样既可以报父仇，也可以建功业。”马超听完之后，十分高兴，连连感谢李恢给自己指点出路，随后便跟随李恢到葭萌关投靠刘备。

后来马超成为五虎上将之一，官职升到骠骑将军，进封斄乡侯，正是他弃暗投明的结果。马超可以说也是刘备建功立业路上的贵人，和他们的关系一样，中国历史上，那些明君都善于笼络敌人的“心腹”，唐太宗李世民玄武门之变后不追究太子建成的心腹魏微的责任，反倒以礼相待，让其贵为宰相，从而助其开创一代盛世。

因此，我们每个人，在与人交往的过程中都不可太过理想化，绝不可把身边的人简单地分为朋友和敌人，认为世事非黑即白，还秉承不向敌人低头的做人原则，其实，这种做法是幼稚的，真正能对你起到帮助作用的，不一定是那些所谓的朋友，相反，关键时候，能起到作用的可能是你的敌人。

一座孤岛上居住了一个村落，村民以放牧绵羊为生。但近来却因狼群时常闯进羊的生活区而使羊频频丢失。牧民为此大为头疼，最后不得不组织了一支打猎队对岛上的狼大肆捕杀，终于把全岛的狼一网打尽，按说牧民可以高枕无忧地放牧了，可是过了不久，新的问题又来了：牧民发现岛上的羊群不如以前健壮了，羸弱病残的急剧增多，找了很多著名的兽医来诊断，终是收效甚微。牧民又为此而忧心忡忡，无计可施。

后来另一座岛上的一位长者听说了，给他们出了个主意：再给岛上放进几只狼，问题即可迎刃而解。起先孤岛上的牧民都感到难以理解，但也备感无奈，只好抱着试试看的心理，照着办。一段时间，奇迹出现了，本已羸弱病残的羊群又渐渐恢复了以前的骁勇，因为羊群有了凶恶的狼的威胁，只只都得提高警惕，随时准备逃命，从而增进了它们的肺活量和加速血液循环……

从这个故事中，我们懂得一个道理，那些敌人虽然表面上看对我们的生存和发展造成威胁，但却正是因为他们的存在，我们才更有活力和动力去奋斗，“有竞争才有动力”就是这个道理，从这个含义上说，我们的敌人也就是我们的贵人。

苏格拉底说过，真正高明的人，就是能够借助别人的智慧，来使自己不受蒙蔽。贵人是你生命中的开路先锋，是你事业上的导师。找一个贵人相助，比你作的任何决定都重要。因此，我们看人看事不可太过绝对，朋友和敌人之间是没有明确的分界线的，只要对方能助你成功，你都需要与之结交！

心理支招

孙子认为，俘虏可以成为我们的士兵，同样，敌人也可以成为我们的盟友，事实上，竞争中没有永远的敌人，为了自己的利益，要随时准备同自己曾经的敌人合作，以便对付更危险的敌人。因此，生活中的人们，不妨善待你的敌人，结交你的敌人。

在最快的时间内接受自己的变化并焕然一新

孫子曰：“故不尽知用兵之害者，则不能尽知用兵之利也。”

这句说的意思是，不能详尽地了解用兵的害处，就不能全面地了解用兵的益处。

这里，孙子告诉我们行军打战中，将领一定要对持久作战带来的坏处有个透彻的了解，以制订出速战速决的战斗计划。其实不仅是打战，对于我们任何人来说，都要“让自己更快地焕然一新”。这句话来自于哲学家尼采的《快乐的知识》，它告诉我们，每个人都在不断地成长，观念和思维也在不断改变。曾经我们坚信的真理，如今却成了错误；过去坚持的原则和信条，如今也发生了变化：这些改变并不因为他们曾经的想法是错误的，也并不意味着我们曾经是无知的，只是万事万物都在变化而已；对于曾经的我们而言，那些我们坚持的就是正确的，只是随着时间的推移，我们不再需要了解而已。

因此，生活中的任何一个人，如果想要获得快乐，就要敞开心胸，就要学会坦然地接受自己的变化。

曾经有两个年轻人失业了，他们找到拿破仑·希尔，想询问他如何才能变得积极起来。他说：“我记得刚开始时，我供职于一家信息报道公司，这家公司的待遇并不好，不过我已经很满足了。后来，公司因为业绩不怎么样，不得不裁员，像我这样对公司毫无用处的人自然就在裁员之列了。果然，不久后，我就收到了公司的裁员通知。刚开始，我真是万念俱灰，我失业了，我该怎么接受。但很快，我冷静下来，我发现，离开这个工作岗位是有好处的，因为我不喜欢这份工作，也不会有什么大作为，我只有离开这儿，才能有找个好工作的机会。果然不久我便找到一个更称心的工作，而且待遇也比以前好。我因此发现被辞退这件事，确实是件好事。”

拿破仑·希尔总结，把失败转变为成功，往往只需要一个想法紧跟一个行动。我们发现，那些成功者，他们都是勇敢的、理智的，即使遇到了失利，他们也能尽快调整过来，然后面临新的变化，他们能化悲痛为力量，把失利当成提升自己的又一次机会。

有人说，人生像一只口袋，当袋口封上的时候，人们会发现，里面装的全是没有完成的东西和令人遗憾的东西。但即使如此，我们也不要一味地沉浸在悔恨和遗憾中，因为陷入悔恨中，你就无法取得新的进步。

英国也有一句名言：别为牛奶洒了而哭泣。这些都告诉我们：如果你不小心在人生旅途上栽了个跟头，请千万不要沉浸在失败的阴影中，要调整好自己的状态，继续走好往后的每一步，否则等待你的将是无尽的失败。

现实生活中的人们，可能你经常会遇到这样的情况：某次考试你因粗心而成绩不佳，某次团队合作中因为你的疏忽而影响了整个团队的成绩，对此，你肯定很懊恼，但懊恼又有何用？不停地抱怨，不断地自责，你只会将自己的心境弄得越来越糟。尘世之间，变数太多。事情一旦发生，就绝非一个人的心境所能改变。伤神无济于事，郁闷无济于事，一门心思朝着目标走，才是最好的选择。相反，如果跌倒了就不敢爬起来，就不敢继续向前走，或者决定放弃，那么你将永远止步不前。

成功学的始祖拿破仑·希尔说，一个人能否成功，关键在于他的心态。一个人如果心态积极，乐观地面对人生，乐观地接受挑战和应对麻烦事，那他就成功了一半。因此，生活中的每一个人，无论你处于什么样的现状下，无论何时，你都应该乐观处事，给自己希望。

然而，现实生活中，总有一些人，他们总是一味地沉溺于过去发生的事情中，然后不断地抱怨、自责或者悔恨，为此，他们陷入糟糕的情绪中，心境自然也会受到影响，这类人，总是处于迷糊和混沌的状态中，也就看不到未来的希望，其实，对于这类人而言，只要学会积极地思考，就会看到人生困境中的希望。

面对变化，我们若想取得进步，就要走出悔恨和自责的心理误区，你应学会勉励自己："我要振作精神，跟命运搏斗，我要把痛苦化为力量，设法有所建树。"实际上，在变化面前，我们难以停下来好好想想、歇歇脚，而失利却正好给了我们反省的机会，这更利于我们看到自己的不足。

对此，你可以从以下几个方面调整自己：

1.仔细分析现状，找到自己的问题，不要怪罪于任何人；

2.给自己重新制订一份计划，这份计划必须要考虑到前一次失败的原因；

3.不妨去想象一下自己在获得成功后的欢愉场景；

4.收起那些曾经让你不快的记忆，它们现在已经变成你未来成功的肥料了；

5.重新出发。

你可能必须再三试行这五种步骤，然后才能如愿达成目标。重要的是每尝

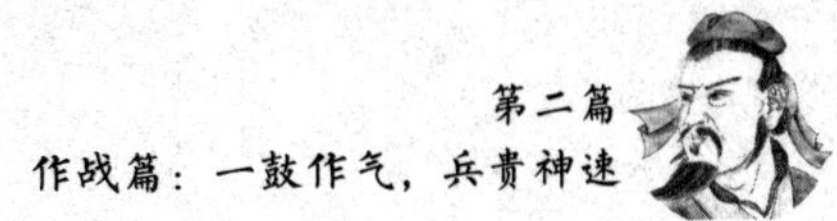

试一次，你就能够增加一次收获，并向目标更迈进一步。

总之，无论过去如何，无论你犯了多大的错误，你都要学会坦然接受。只有收拾好心情，尽力走好未来的每一步，我们才会有更美好的明天！

心理支招

从孙子这句话中，我们应当有所启示，这个世界上没有任何事是一成不变的，生命在不断向前，我们生活的世界也是如此，为此，我们必须要做到与时俱进，调整好自己。一个人只有以积极的、阳光的心态看待周围的人和事，才能拥有快乐的心情，这就需要我们学会转换思维，时时心存感激，不忘欣赏生活的美好，保持均衡的生活，让每一天都过得有意义。

第三篇 | # 谋攻篇：创造条件，不战而胜

在《谋攻篇》中，孙子总结了备战状态下如何正确部署规划，告诫将领们如何创造条件以最小的兵力取胜于敌方，而现实生活中的我们也当有所启示，事实上，人生在世，谁都有几个对手，没有对手，也许轻松，但很可能是人生的悲哀。而与对手较量，我们要相时而动、量力而行，当实力不佳时，绝对不可针锋相对，而应该积累实力、静候时局，做到一击即中，一举夺得成功。

谋攻篇——不战而屈人之兵乃上上策

孙子曰：夫用兵之法，全国为上，破国次之；全军为上，破军次之；全旅为上，破旅次之；全卒为上，破卒次之；全伍为上，破伍次之。是故百战百胜，非善之善者也；不战而屈人之兵，善之善者也。

故上兵伐谋，其次伐交，其次伐兵，其下攻城。攻城之法，为不得已。修橹轒辒，具器械，三月而后成，距堙，又三月而后已。将不胜其忿而蚁附之，杀士卒三分之一而城不拔者，此攻之灾也。

故善用兵者，屈人之兵而非战也，拔人之城而非攻也，毁人之国而非久也，必以全争于天下，故兵不顿，而利可全，此谋攻之法也。

故用兵之法，十则围之，五则攻之，倍则分之，敌则能战之，少则能逃之，不若则能避之。故小敌之坚，大敌之擒也。

夫将者，国之辅也，辅周则国必强，辅隙则国必弱。

故君之所以患于军者三：不知军之不可以进而谓之进，不知军之不可以退而谓之退，是谓縻军。不知三军之事而同三军之政者，则军士惑矣。不知三军之权而同三军之任，则军士疑矣。三军既惑且疑，则诸侯之难至矣。是谓乱军引胜。

故知胜有五；知可以战与不可以战者胜；识众寡之用者胜；上下同欲者胜；以虞待不虞者胜；将能而君不御者胜。此五者，知胜之道也。

故曰：知彼知己，百战不殆；不知彼而知己，一胜一负；不知彼，不知己，每战必殆。

这段话的意思是：

孙子说：行军打仗，让敌人屈服、使其不战而降是最佳策略，击破敌国就次一等；让对方全军上下降服是上策，打败敌人的军队就次一等；让敌军的一个“旅”的队伍降服是上策，击破敌人一个“旅”就次一等；使敌人全“卒”降服是上策，打败敌人一个“卒”的队伍就次一等；使敌人全“伍”投降是上策，击破敌人的“伍”就次一等。因此，百战百胜，战无不克并不是最佳的用兵策略，而是在战争打响之前，就让对方的物资严重匮乏，使其完全无力战斗，这才是最为高明的。

所以，智取是上等的用兵策略，其次是使用外交策略，再者是利用军队的武力，最下策才是攻打对方，这也是万不得已的情况。在攻城时需要使用的蔽橹、轒辒，最起码需要花费三个月的时间。而构筑攻城的土山又要三个月。如果指挥战斗的将帅无法控制自己的情绪，而让手下的士兵如同蚂蚁一样去爬梯攻城，会让最起码三分之一的士兵为此伤亡，这便是攻城所带来的危害。

因此，善于用兵的人，让敌人臣服并不是靠战争，攻打敌人的城池也不会靠武力，打败敌国军队也不会打持久战，智者打天下靠的是谋略，这样，才能在尽量不损兵折将的情况下获得胜利。

带兵的大致原则是：如果你有十倍于敌人的兵力，你就包抄围剿敌人；如果是五倍兵力你就能进攻；两倍兵力时就能分割消灭敌人；而实力与敌人相当时，是能抗击敌人的；如果兵力少于对方，则要尽量避免与其硬碰硬，兵力弱小的话就要尽量撤退。所以，如果兵力不足而顽固抵抗的话，最终结局就只能是成为敌人的俘虏。

将帅，对于国家起着辅佐作用，这样国家就会强大；如果工作疏漏的话，国家就要面临衰弱的运势；国君对军队造成的危害有三种情况：不了解军队的具体情况而盲目命令其出击，不了解军队的情况而盲目让其撤退，这样就束缚了军队的手脚。不了解军队的政事，而盲目干涉的话，就会让军队的将领无所适从。不了解军中的权变之谋而参与军队的指挥，就会使将士们疑虑重重。在军队处于迷惑、疑虑的情况下，就容易给其他诸侯以可乘之机。最后，难免导致灾难的发生。

预知取胜的因素有五点：了解什么条件下不能战斗；了解用兵多少可以取胜；全军上下一心的，能取胜；在准备充足的情况下，去应付那些无准备的军队，可以取胜；将帅有才干而君主不横加干涉的，能取胜。这五条，是预知胜利的道理。

所以说，了解对方也了解自己的，百战不败；不了解敌方而熟悉自己的，胜负各半；既不了解敌方，又不了解自己，每战必然失败。

心理支招

《谋攻篇》是《孙子兵法》的第三篇，高度总结了中国古代用兵之道，具有极高的学习实践价值。《谋攻篇》着重讲述用兵打仗“必以全争于天下”，即力求“全胜”的思想和策略原则。内容大致分为四部分：一、提出用兵作战应力求“全胜”。二、提出在万不得已时，进行流血战争所应掌握的基本策略和战术原则。三、强调三军统帅，作为君主的辅佐，责任重大。其辅佐的周密与否，关系国势的强弱。四、提出五条预测胜利的方法。

以智谋取胜，不战而屈人之兵

孙子曰：“百战百胜，非善之善者也；不战而屈人之兵，善之善者也。”

这段话的意思是：百战百胜，不算是最好的用兵策略，只有在攻城之前，先让敌人的军事能力（包括指挥能力和作战能力）严重短缺，根本无力抵抗，才算是高明中最高明的。

这里，孙子告诉我们击败敌人的最上等策略——不战而屈人之兵，在不伤一兵一卒的情况下获得战争的胜利。历史上著名的淝水之战就是孙子这一谋略的典型应用。

东晋时代，秦王苻坚控制了中国北部。公元383年，苻坚率领步兵、骑兵90

万人，攻打江南的晋朝。晋军大将谢石、谢玄领兵8万人前去抵抗。苻坚得知晋军兵力不足，就想以多胜少，抓住机会，迅速出击。

谁料，苻坚的先锋部队25万人在寿春一带被晋军出奇击败，损失惨重，大将被杀，士兵死伤万余。秦军的锐气大挫，军心动摇，士兵惊恐万状，纷纷逃跑。此时，苻坚在寿春城上望见晋军队伍严整，士气高昂，再北望八公山，只见山上一草一木都像晋军的士兵。苻坚回过头对弟弟说："这是多么强大的敌人啊！怎么能说晋军兵力不足呢？"他后悔自己过于轻敌了。

出师不利给苻坚心头蒙上了不祥的阴影，他令部队靠淝水北岸布阵，企图凭借地理优势扭转战局。这时晋军将领谢玄提出要求，要秦军稍往后退，让出一点地方，以便渡河作战。苻坚暗笑晋军将领不懂作战常识，想利用晋军忙于渡河难于作战之机，给它来个突然袭击，于是欣然接受了晋军的请求。

谁知，后退的军令一下，秦军如潮水一般溃不成军，而晋军则趁势渡河追击，把秦军杀得丢盔弃甲，尸横遍地。苻坚中箭而逃。这就是历史上以少胜多的著名战役——淝水之战。

淝水之战出自《晋书·苻坚载记》。在这场战役中，很明显，刚开始双方兵力悬殊，秦军实力突出，而晋军远不如秦军，但晋军大将谢石、谢玄却略施小计就让对方不战而逃，最后大获全胜。

无独有偶，三国时的空城计也是将这一计谋运用得淋漓尽致。

三国时期，诸葛亮因错用马谡而失掉战略要地——街亭，魏将司马懿乘势引大军15万向诸葛亮所在的西城蜂拥而来。当时，诸葛亮身边没有大将，只有一班文官，所带领的5000军队，也有一半运粮草去了，只剩2500名士兵在城里。众人听到司马懿带兵前来的消息都大惊失色。诸葛亮登城楼观望后，对众人说："大家不要惊慌，我略用计策，便可令司马懿退兵。"于是，诸葛亮传令，把所有的旌旗都藏起来，士兵原地不动，如果有私自外出以及大声喧哗的，立即斩首。又叫士兵把四个城门打开，每个城门之上派20名士兵扮成百姓模样，洒水扫街。诸葛亮自己披上鹤氅，戴上高高的纶巾，领着两个小书童，带上一张琴，到城上望敌楼前凭栏坐下，燃起香，然后慢慢弹起琴来。司马懿的先头部队到达城下，见了这种气势，都不敢轻易入城，便急忙返回报告司马懿。司马懿听后，笑着说："这怎么可能呢？"于是便令三军停下，自己飞马前去观看。离城不远，他果然看见诸葛亮端坐在城楼上，笑容可掬，正在焚香弹琴。左面一个书童，手捧宝剑；右面也有一个书童，手里拿着拂尘。城门里外，20多个百姓模样的人在低头洒扫，旁若无人。司马懿看后，疑惑不已，便来到军中，令后军充作前军，前军作后军撤退。他的二子司马昭说："莫非是诸葛亮家中无兵，所以故意弄出这个样子来？父亲您为什么要退兵呢？"司马懿说："诸葛亮一生谨慎，不曾冒险。如今城门大开，里面必有埋伏，我军如果进去，正好中了他们的计。还是快快撤退吧！"于是各路兵马都退了回去。

的确，高明的战略部署绝对不是短兵相接，而是以智谋取胜。同样，生活中，人与人之间的较量，也不能硬碰硬，而应该善用计谋，做到让对手出其不意，对手必定毫无招架之力。

事实上，我们生活的任何一个环境中，都是存在竞争的，要想在竞争中取得胜利，必须要多动脑筋，善于抓住他人的软肋，这才是制胜的良方。

心理支招

我们的生活环境中，也的确总是存在形形色色的人，但无论什么人，在与他们较量的过程中，我们都要善用智谋，这样，我们就能出敌制胜——点到对方的"死穴"，对方必定束手就擒。

攻"城"先攻"心"

孙子曰：故善用兵者，屈人之兵而非战也，拔人之城而非攻也，毁人之国而非久也，必以全争于天下，故兵不顿，而利可全，此谋攻之法也。

这句话的意思是：善于用兵的人，使敌人屈服而不是靠战争，攻取敌人的城池而不是靠硬攻，消灭敌国而不是靠久战，用完善的计策争胜于天下，兵力不至于折损，却可以获得全胜，这就是以谋攻敌的方法。

这里，孙子提出行军打仗大获全胜的方法要靠计谋，而不至于损兵折将。而换个角度来讲，当你面对劲敌时，硬攻不一定是最好的方法。要打败对手，就要找到其心理软肋，攻“城”先攻“心”，也就是给对手一个出其不意，对手必定毫无招架之力。

要明白这样一个道理：即使是再强大的英雄，他也有致命的死穴或软肋，即使再理性的人，在较量中，也不可能做到绝对的理性，人不是机器，只要我们细心留意，就能发现蛛丝马迹。

“二战”结束前夕，美军和日本的两支军队在太平洋的一个小岛上发生了一次争夺战。

日方的军队很精明，他们早先在这座小岛上修建了很多地堡，而这些地堡大多建筑在熔岩之下，因此，坚固无比，美军根本无法攻进去，这让美军感到很无奈。

这时，一个工程技术员献计说：“我相信，再坚固的地堡都是有弱点的，只要我们找到他们的弱点，我们就能想办法攻进去，那样，我们就成功了。”

第二天，美军一改以往的作战方法——他们不再进行炮击，而是把这些火力器械改为推土机，当这些推土机出现在地堡前的时候，日方军队都愣住了，他们完全以为美军研发出了一种新型武器，而当他们回过神来的时候，美军的推土机已经将所有的地堡通道口堵死了。

原来，这位工程技术人员只是转换了一种思维方法，既然无法攻进去，那么，就让这些日本人出不来，于是，美军采纳了他的建议，用坦克把事先搅拌好的快速凝结的水泥推向地堡的通道。很快，这些水泥在被倒入通道口之后就凝结住了，日军很快就失去了抵抗之力，美军终于夺得了该岛。

这里，我们不得不佩服这位工程技术人员的智慧，他就是从反方面考虑，找到了日军碉堡的弱点，然后乘其不备攻破对手。因为对手的弱点就是取得胜利的突破口。其实，现实生活中，我们在与对手较量的过程中，也可以采用这一方法，因为即使再强大的人，也有其弱点。

很多人输给对手，并不是因为对手比自己强大，而是败在自己的弱点上。

当我们的软肋被对手掌握后，就意味着对方掌握了主动权。

小李是一名保险推销员，她从事这个工作好几年了，业绩一直很好。但这次她发现，她的客户姜先生确实是块难啃的骨头，这位姜先生完全有能力购买家庭保险，而且他也很关心自己的家人。可是当小李劝他投保时，他总是提出异议，并且进行了一些琐碎且毫无意义的反驳。小李意识到，如果不用点什么好对策的话，这次谈判大概不会成功了。

小李凝视着姜先生说："姜先生，实际上您对自己购买家庭保险的要求已经十分明确了，而且您也有足够的能力支付相关的保险费用，更重要的是，您比任何人都关爱家人的安全和健康。不过，您仍然不能下定决心购买保险。"稍微停顿一下之后，小李转移话题继续说道："对了，您平时是如何支配您的休息时间呢？为了更有保障，您可能会选择待在家里。其实据有关统计数据表明，家庭这个地方是最容易发生危险的地方。"说着，小李将一些统计资料交到姜先生手中。

刚才还出现在姜先生脸上的喜悦表情这时已经荡然无存了。小李此时将声调提高了一点，她说："姜先生，如果您现在马上让我从您家出去的话，我会认为那是情理之中的事情。但我担心您会想：'如果我正是在这个时间里发生意外伤害怎么办？'"

姜先生很诚恳地点了点头，表示认同小李的说法。

小李直视着姜先生说："而有了这种保险，您一周7天之内的任何一天都有足够的安全保障，在一天24小时里的每一小时都不会被忽略。不管在什么地方，不管您是在工作、出差还是休闲，您都会享受到安全的保障，您的家人也会得到这样的保障，这一定正是您所希望的吧？"

此时姜先生还有什么可说的呢？他高高兴兴地购买了费用最高的那种保险，因为他要保证自己和家人时刻都处于一种足够安全的保险体系当中。

案例中的小李在劝服不成后及时转换说话方式，直击客户最害怕的问题——安全问题，让原本犹豫不决、总是提出异议的客户迅速作出了购买决定。

当今社会，竞争之激烈早已毋庸置疑，我们若想打败竞争对手，就要掌握一些心理技巧，找到对方的要害、乘胜出击，从而始终立于不败之地。

我们可以说，任何一场对手之间的较量，打的就是一场心理战。双方都不愿意充当傻瓜，为此，对手往往会隐瞒自己的真实意图和需求以求占据有力地位。而我们若要顺利达到自己的目标，就要先摸清对方的底细，只有这样，在较量时，我们才有底气。

那么，我们该运用怎样的心理策略呢？

第一，先收集资料，资料收集得越详细越好；

第二，仔细研究资料，找到对方的弱点和长处；

第三，掌握好时间，尽量在对手毫无察觉的情况下迅速出手，给对方一个措手不及。

总之，我们需要记住的是，我们生活的任何一个环境中，都是存在竞争的，要想打败别人，必须要多动脑筋，善于抓住他人的软肋，这才是制胜的良方。

心理支招

从《孙子兵法》中，我们可以得出启示，每个人都会有弱点，利用敌人的弱点就能多一分胜算。为此，我们在较量之前，一定要做足准备，找到对方的弱点，并克服自己身上的弱点。

知己知彼，百战不殆

孙子曰：“知彼知己，百战不殆；不知彼而知己，一胜一负；不知彼，不知己，每战必殆。”

这句话的含义是，战斗中，同时了解敌军和自己的的情况，就能做到战无不胜；不了解敌人而只了解自己，那么，胜败参半；既不了解敌人，又不了解自己，那估计只能以失败告终。

的确，自古以来所有的战斗中，成功者之所以成功，就是因为了解对手，而失败者之所以失败，重要原因之一就是对对手的忽视和轻视。的确，在现代的交涉中，强中自有强中手。较量，打的就是一场心理战。我们只要洞悉对手的情况，找到对手的弱点，才能一出手就所向无敌。

从下例印度画商与美国画商的较量中，可以得到很好的启示：

这天，在一间比利时的画廊里，发生了这样一件事，引来很多人观看：

买卖双方分别来自美国和印度，这位印度商人对于自己的其他画都开价在10美元左右，唯独对这个美国人看上的几幅画要价在250美元，这让这个美国人感到很苦恼。于是，他决定还价看看。

谁知道，就在美国人提到画太贵了时，印度商人突然来了气，将自己的一幅画当场烧掉了。这让美国人很心疼。于是，他好言相劝，希望接下来的几幅画能便宜些，但他哪里料到，印度人居然又烧掉了一幅。

最终，这个爱画如命的美国人再也沉不住气了，只好乞求画商不要烧掉这最后的一幅画，自己愿意将它买下来。

印度商人为什么会烧掉自己的画？难道他不觉得可惜？其实，他所做的这些，都是有备而来的，他早已看出了这个美国人爱画如命的心理弱点，果然，最终这个美国人还是乖乖地付了原来的价钱买下了画。

同样，现代社会，在与对手较量的过程中，我们也必须谨记这一点，以谈判为例，在这个商业社会的信息时代，我们时时刻刻都面临着形形色色的谈判。古人云："天外有天，山外有山。"等到真正开始谈判，就进入心理角力战。任何一个谈判者都不愿充当傻瓜，双方获胜谈判的出发点是在绝对不损害他人利益的基础上，获得自己的利益。为此，对手往往会隐瞒自己的真实意图和需求以求占据有利谈判地位。而我们若要顺利达到自己的目标，就就要先摸清对方的底细，只有这样，在谈判桌上，我们才能底气十足地说话，才能在谈判过程中有的放矢。

有一位姓张的工厂老板，因为公司业务增大，他需要更换一批新的机器，于是，他准备低价处理一批旧机器，他在心中打定主意，在出售这批机器的时候，卖价一定不能低于50万美元。之后，有一个买主前来看货，在双方谈判交易金额时，便对这批机器的各种问题，滔滔不绝地讲了很多缺点，但是这位老板始终一言不发，任凭买家不停地发言。

结果到了最后，买主终于停止了批评，并且突然说了一句话："这批机器我最多只能出价80万美元，再多的话，我就不要了。"于是，这位老板很幸运地多赚了整整30万美元。

案例中，张老板为什么能幸运地多赚取整整30万美元？人们常说 "沉默是金"，谈判中，他保持沉默，始终一言不发，那么，无论买家怎么贬低这些机器，也摸不着他的底细。可以说，他的冷静起到了决定性作用。

在谈判中，一般情况下，双方都站在利益的对立面，谁先暴露自己，谁就最先偃旗息鼓而败退，要想克敌制胜，就先要摸清对方的虚实。

小张是一名电脑推销员，一次，在向某公司的领导推销电脑时，他很好地扮演了顾问的角色。

"上次，您谈到电脑的性能可以满足 3 ~ 5 年的需求。这怎么理解呢？"

"使用寿命短，更新太快，是笔记本的最大缺陷，我们希望笔记本电脑能够用得久一点。"

"确实是这样。我记得几年以前，电脑的主频只有200多兆，现在的主频已经到了3.0G，是以前的十多倍。您觉得电脑使用时间的主要'瓶颈'在哪里？或者说三五年以后，笔记本的哪些配置会成为使用的障碍？"

"我想听听你在这方面的看法。"

"您看看我这几年用电脑的情况您就知道了。我也是前几年买的电脑，但现在的问题是，配置不够高，造成了这几年总是要升级硬盘。事实上，考虑到内存的升级最容易而且价格下降较多，内存现在只要够用就行了，以后可以很方便地升级。为了能够使您的电脑用的时间长一些，因此呢，我觉得您应该在CPU的主频和硬盘方面的配置高一些，显示屏应该使用19英寸的，这样在几年之内都会是顶级配置。"

"你建议的配置呢？"

"您也知道，现在的科技发展太快了，以前的奔四马上就要停产了，现在生产的电脑CPU有酷睿双核、弈龙和一些四核高端产品。而且Intel的CPU最近会降阶，我建议您采用E5300的CPU。您使用的数据量很大，考虑到以后升级硬盘时要淘汰现有的硬盘，所以我建议您这次的硬盘配到1TB。内存使用2GB就可以了，选择19英寸的屏幕。”

“有道理，我就按照你的建议买吧。”

小张对客户的巧妙提问，摸透了客户的需要，这有利于正确地向客户介绍产品和推销产品，使得后面的销售工作容易得多。

当然，要想摸清对方的底细，首先，我们要有一定的观察能力，这样，你就能通过眼神、动作来知晓对方的心理。其次，我们还要做好资料收集工作，掌握对手的信息越多，战胜对手的可能性也就越大。另外，我们还可以通过故意采取一些措施来使对方现原形。总的来说，一个有智慧的人，总能找到对手的软肋，从而增加自己成功的砝码！

心理支招

孙子告诉我们，知己知彼，百战百胜，与对手的较量更是如此，要想掌控整个局势，我们最好多做准备工作，多观察和了解对手，摸清对方的底细，我们在较量中才更有把握！

实力不佳时，避免与对手针锋相对

孙子曰：“故用兵之法，十则围之，五则攻之，倍则分之，敌则能战之，少则能逃之，不若则能避之。故小敌之坚，大敌之擒也。”

这句话的意思是：用兵的原则是：如果兵力是别人的十倍，就可以包围敌人，五倍的兵力就进攻敌人，两倍的兵力就分割消灭敌人，有与敌相当的兵力则可以抗击，兵力少于敌人就要避免与其正面接触，兵力弱少就要撤退。所以弱小的军队顽固硬拼，就会变成强大敌军的俘虏。

孙子这句话的重点在后面，当我们与对手实力相当时方可抗击，而假如实力不如对手就要避免与对手针锋相对，要知道，以卵击石，只会带来毁灭性失败。现代社会，无论是商业还是政治或者是其他活动中，似乎都存在一些竞争对手。面对竞争对手，人们可能会不自觉地卖弄自己的才华，或者与对手针锋相对，而实际上，如果你确实比对手优越，能在竞争中胜出倒也无妨，但如果对方胜出，那么无异于打了自己的嘴巴。而一个真正有实力和梦想的人不会把自己的那点小才能挂在嘴上，宣扬自己的本事，即使当别人试探他时，他也会巧用转移话题的办法避开对方的注意力，从而隐藏自己的真实想法，为自己赢得更多的时间和空间来达到自己的目标。这是一种大智若愚的处世智慧。因此，当你力量不足或者在对手对你“逼供”时，不妨采取这一办法，避开对方的锋芒。

一天，曹操邀请刘备来喝酒。

酒酣之际，曹操心血来潮，便问刘备：“你说这年头谁是英雄？”

刘备自然认为自己就是一世英雄，但此时，却万不能表明心迹，说了会有性命之忧，于是，他只好与曹操打起了酒官司，顾左右而言他。谁知道，刘备说了半天话后，曹操倒不耐烦了，就直接说：“别绕了！这年头真正的英雄人物就是你跟我。”

此时，天上一声巨响——打雷了，刘备居然吓得筷子都掉地上了。曹操纳闷，便问：“怎么啦？”

刘备赶紧把筷子拾起来，顺口说了句：“这么大的雷，吓死我了。”老曹哈哈一笑：“大丈夫怎么可以怕雷呢？”刘备赶紧接口：“孔子是圣人，他也怕打雷，别说我了。”

此时张飞、关羽两人怕曹操会杀刘备，闯了进来。见刘备没事，关羽连忙掩饰说自己来舞剑助兴。

曹操说：“这又不是鸿门宴。”然后斟酒让他们压惊。后来三人一起出来，刘备说：“我在曹操的地盘上天天种菜，就是要让他知道我胸无大志，没想到刚才曹操竟说我是英雄，吓得我筷子都掉了。又怕曹操生疑，所以我就说自己怕打雷掩饰过去了。”关羽、张飞佩服得不得了。

可以说，放走刘备，是曹操一生中最大的错误，因为曹操已经一眼看出刘备是当时真正的英雄。曹操甚至说了这样的话：“今天下英雄，唯使君与操耳！”这句话是载入史册的。而曹操“煮酒论英雄”，也只是为了试探刘备有无称雄的志向，刘备自然心知肚明，他就是担心曹操把他当作对手，就是怕曹操把他当作英雄。如果那样，刘备不但不能为他日成就自己的伟业招兵买马，甚至可能会丧失性命，于是在曹操追问他谁是天下英雄时，他假装糊涂，处处设防，甚至用一些其他人物来搪塞，比如袁绍、袁术、刘表等。以刘备的胸怀，这些碌碌无用之人，又怎么能入他的眼睛？而这些搪塞之语都被曹操寥寥简略的评价一一驳回，针针见血。而从心理角度说，刘备称自己害怕打雷，正是让曹操认为刘备是胸无大志的人，从而放走刘备，为刘备的崛起做了最初的工作。

同样，现实生活中，我们与他人竞争，无论说话、做事都不可狂妄，要尽量放低自己，让对方感觉到你已经示弱了。很多时候，这会为你的成功提供契机。

的确，直言直语、做事不经过思考是一个人致命的弱点，也会让你在对手面前暴露无遗，当对方了解你的真实想法以后，便会对你大加防备甚至刻意与你为敌，可能你在吐露心声的时候，的确没有任何顾虑，只看到现象或表面，也只考虑到自己的“不吐不快”，可是，当你想到你的这句不经意的话而给自己带来困扰时，你还会无所顾及地说话吗？“枪打出头鸟”，太过嚣张会成为众矢之的，因为通常情况下，人们都会对那些对自己构成威胁的人采取措施。而隐藏自己、避其锋芒，才会保存自己。

隋朝到隋炀帝年间，皇帝已经十分残暴，人民越来越忍受不了隋炀帝的暴行，于是，纷纷起义，甚至出现很多官员倒戈的现象，转向农民起义军，因此，隋炀帝的疑心很重，对朝中大臣，尤其是外藩重臣，更是易起疑心。唐国公李渊曾多次担任中央和地方官，所到之处，悉心结识当地的英雄豪杰，多方树立恩德，因而声望很高，许多人都来归附他。这样，大家都替他担心，怕遭到隋炀帝的猜忌。

正在这时，隋炀帝下诏让李渊去行宫觐见。而李渊此时正生病卧床，根本无法前往，隋炀帝很不高兴，产生了些许怀疑。当时，李渊的外甥女王氏是隋炀帝的妃子，隋炀帝向她问起李渊未来朝见的原因，王氏回答说是因为病了，隋炀帝又问道："会死吗？"

王氏把这消息传给了李渊，李渊更加谨慎起来，他知道迟早会被隋炀帝所不容，但过早起事又力量不足，只好隐忍等待。于是，他故意广纳贿赂，败坏自己的名声，整天沉湎于声色犬马之中，而且大肆张扬。隋炀帝听到这些，果然放松了对他的警惕。这样，才有后来的太原起兵和大唐帝国的建立。

李渊的做法是典型的韬晦之术，假如李渊当初不是自毁声誉、低调做人，而是怒火中烧或者起兵的话，恐怕会在实力悬殊、时机不成熟的情况下失败，也就不会有后来造福于黎明百姓的大唐盛世。

历史上，这样能委曲求全的人，着实不少懂得克制自己，为了大局考虑，这才是真正的智慧，逞一时之快，发泄了自己的不满与愤怒，正好中了对手的圈套，过早地将自己的底牌亮出来，往往会在以后的交战中失败。

心理支招

与对手过招，是用实力说话的，而在实力不佳时，我们不可硬碰硬，要放低自己，让对手摸不着虚实，以此为自己争取时间积累实力。

偶尔发发威，显示你的威信

孙子曰："夫用兵之法，全国为上，破国次之；"

这句话是说：大凡用兵的原则，使敌人举国屈服，不战而降是上策，击败敌国其次。

这里，孙子依旧强调的是不战而降乃用兵最高境界。然而，要做到让对方不战而降并非易事，需要我们掌握充足的敌情，并做到一击即中，让对方毫无招架之力。当然，那些真正掌握不战而屈人之兵这一策略的人，都明白一点，让他人折服，一定要为自己树立威信。比如，在《三国演义》中，有张飞吓死夏侯杰的一段故事，故事内容是这样的：

飞乃厉声大喝曰：“我乃燕人张翼德也！谁敢与我决一死战？”声如巨雷。曹军闻之，尽皆股栗。曹操急令去其伞盖，回顾左右曰：“我向曾闻云长言：翼德于百万军中，取上将之首，如探囊取物。今日相逢，不可轻敌。”言未已，张飞睁目又喝曰：“燕人张翼德在此！谁敢来决死战？”曹操见张飞如此气概，颇有退心。飞望见曹操后军阵脚移动，乃挺矛又喝曰：“战又不战，退又不退，却是何故！”喊声未绝，曹操身边夏侯杰惊得肝胆碎裂，倒撞于马下。操便回马而走。于是诸军众将一齐望西奔走。

看这段文字我们可以得到这样的结论：夏侯杰的死亡是个转折点，在夏侯杰死亡之前，张飞的大喝虽然使“曹军闻之，尽皆股栗”，但是，曹军还能够不慌乱，不至于溃败。但是，在张飞再次大喝以后，一个新的情况出现了——“曹操身边夏侯杰惊得肝胆碎裂，倒撞于马下”，夏侯杰的突然死亡引发了连锁反应，“操便回马而走。于是诸军众将一齐望西奔走。”于是，奇迹出现了，张飞孤身一人喝退曹兵百万。可以说，是夏侯杰的死亡成全了张飞的威名。

同样，现代社会的职场中，作为领导，也要明白威信在开展管理工作中的重要性，有领导的威严，才会让下属信服，然而，现实工作中，不少领导者感叹自己的话没有威信，其实，如果你能掌握一些暗示技巧，比如，你可以适时大发雷霆，让下属看到你不同寻常的一面——强势，从而让自己具有权威和说服力，那么，下属自然对你“俯首称臣”。

三年前，小李还是一名普通的技术主管，整天在生产一线和基层工人们打交道，他是大家公认的好人，脾气很好、从来不跟人争执，同事们还取笑他是小绵羊。而三年过去了，现在的小李已经晋升为一名工程部经理，而这让很多和他同时入职的同事羡慕不已。那么，到底是什么让小李晋升如此之快，又能得到同事们的青睐呢？

那次，公司的一个大客户因为某个产品的瑕疵点而提出退货要求，很明显，这一要求是无理的，因为这一瑕疵只是众多产品一个细小的部分，完全不会影响到产品的使用。面对这种情况，销售部门的各个领导手足无措，便把事情推给了技术部门，技术部门几个木讷的领导，完全不知道如何处理这件事，只能任凭客户发脾气。这时，小李恰巧要向领导汇报工作，站在门外的他对客户的“嚣张跋扈”实在忍无可忍了，便推开门进去，用几乎嚷嚷的嗓门对客户说：“我从没有见到像您这样的客户，您要知道，我们技术人员也是人，在研发产品的时候，我们虽然已经尽力做到将误差减到最小，但不能保证一点误差都没有，但事实上，难道您不承认，这些小问题的存在，根本不影响产品的使用吗？再说，我们答应为您延长半年的售后时间了。还有，我看您再也找不到第二家比我们给您的价格更优惠了，不是吗？”小李的几句话让客户哑口无言，丢下一句：“你不要忘了，我才是客户！”便离开了。大家原以为，接下来等待他们的是公司的训斥。但没想到，第二天，这位客户居然撤消了退货的要求。

此时，大家都感到莫名奇妙，小李解释道：“其实这类客户就是吃软不吃硬的，我不发脾气，‘老虎不发威，他把我当病猫’，事实上，我们都清楚，这位客户完全是无理取闹，但他也是有目的的，那就是价格问题，他可能是道听途说，以为有更便宜的价格，于是，他希望我们降价，而我调查过，我们公司新研发的这个产品，是同类产品价格最低、误差最小的，那天，他丢下那句话便走了，我猜，他回去肯定也了解过，经过利益权衡，他自然会接受我们的价格……”

听完小李的话，这些同事包括领导们都投来敬佩和崇拜的目光，自此，小李成为同事和领导们关注的对象，他在公司也逐渐树立了威信。

技术人员小李为什么能做到让上级和下属都赞叹不已？这是因为在公司遇到了“麻烦”的情况下，他挺身而出，采取了众人不敢一试的方法——当着客户的面大发雷霆，这一方法给客户包括下属以及同事们一个心理暗示：原来小李这么有担当，居然会发那么大的脾气，以后不能称呼他“小绵羊”了，同时，大家也对他刮目相看、佩服有加。

可见，威信对于领导者管理工作的重要性。一个具有感召力的管理者，是一个团队的核心，是团队中每个人效仿的对象，每个领导者都要充分调动个人所长，发挥下属的主观能动性。

的确，管理工作中，任何一个领导，都避免不了要与员工、下属或上级沟通。对于这一点，很多领导者认为，多沟通、保持亲密的距离，对待下属平易近人自然会拉近双方的心理距离，这必然有利于管理工作的进行。诚然，这样做会让下属感受到你的亲和力，但要建立自己的威信，你还需要偶尔“演”一场大发雷霆的戏，这样能暗示下属你不是“纸老虎”，你有领导的威严，所以下属们应该听从你的号召。

心理支招

强有力的威信是让他人屈服的重要条件，无论在什么场合，我们只有学会在说话、做事时体现权威者的风范，真正做到有高度、有深度，才能真正让他人信服于你！

曾国藩谋定而后动

故知胜有五：知可以战与不可以战者胜；识众寡之用者胜；上下同欲者胜；以虞待不虞者胜；将能而君不御者胜。此五者，知胜之道也。

这段话的意思是：预知取胜的因素有五点：懂得什么条件下可战或不可战，能取胜；懂得兵多兵少不同用法的，能取胜；全军上下一心的，能取胜；以有备之师待无备之师的，能取胜；将帅有才干而君主不从中干预的，能取胜。这五条，是预知胜利的道理。

这里，孙子总结了可以预知战争胜利的五点因素，总结起来，我们可以得出，要取得战争胜利，还是必须要做足准备，谋定而活动，这一点，孙子在首篇——《始计篇》已经详细论述。

在中国近现代史上，将谋定而后动这一谋略运用得淋漓尽致的大概只有晚清的曾国藩了。曾国藩招兵买马，与清廷政府、太平军较量的过程告诉我们，在与对手切磋、较量的过程中，切不可做事时急躁、冲动，凭一时之气，过度暴露自己、张扬自己，而应该少说话、多做事，保存并提升自己的实力，让对方探不清你的虚实，并掌握一定的心理计谋，待时而发，在关键时刻一举取得胜利！

我们都知道，曾国藩是清末湘军的创办人，是道光进士，官至两江总督，更是招贤纳士的代表。

清末，太平天国起义的惊雷，惊醒了清朝统治者及一切大小地主士绅，惶惶不可终日。为了镇压农民起义，清政府调动大批军队进行围剿，同时，也对地方下达指令，要求举办地方团练，作为镇压太平天国的后备力量。

当时，刚来湖南任巡抚的张亮基为此颇费思量。而其幕僚左宗棠献计说，正在“湘乡荷叶塘”家中为母守丧的原礼部侍郎曾国藩既具资历、声望，又熟诸湖南地方人情，当堪此任。张闻听大喜，当即奏准朝廷，留其“帮同办理本省团练乡民搜查土匪诸事务”。风云一时。但他的起家是从在长沙办团练开始的。曾国藩对办团练曾有过短暂的犹豫，但经不住其友郭篙亮的敦劝和其弟曾国荃的怂恿，决定“墨从戎”，“酬君恩、兴家族”，以实现其“澄清天下”的大志。1853年1月底，曾国藩前往省城长沙就任帮办湖南团练大臣一职，开始了他创立湘军、镇压农民起义的生涯。

后期即平定太平天国之乱后，曾国藩率先创办新式军事学堂，接着又对外派遣军事留学生。1868年，曾氏视察上海江南制造局，容闳向他提出在江南制造局内附设兵工学校，成为中国最早的一所兵工技术学校，培养了一批人才。

曾国藩对于清廷主要成就之一就是平定太平天国运动。而之所以能成功，其中主要原因还是因为曾国藩自办乡勇、创办湘军。而这一点，也给现代社会的我们一个启发，即“磨刀不误砍柴工”，“凡事预则立，不预则废”。与人交涉，要想取得胜利，首先一定要提前做好充分的准备。

同样，现代社会，在与对手较量的过程中，我们也必须谨记这一点，一定要做足准备、谋定而后动，做到知己知彼，而实际上，那些能够称得上对手的人，必定是与我们实力相差不大的，也是值得你学习的。要进步、要超越，就得战胜对手，并且不断寻找新的对手。在你没有战胜对手以前，在对手比你强大以前，与其说是对手，不如说是你的目标。

总的来说，要战胜对手，就要做到：

1.要战胜对手，就得了解对手的优点，重视对手的优点。

攻击对手的缺点，贬低对手、抹黑对手是无益的。不了解对手就不能战胜对手。知己知彼，百战百胜，连对手都不了解又如何取胜呢？了解了对手的优点，学习对手的优点，才能找到战胜对手的方法。对手的优点是用来学习的，不是让你贬低的。不仅要发现对手的优点，而且要寻找他隐藏的和潜在的优点。任何时候形式都不可能完整地反映内容，除了表现出来的优点之外，对手身上还有许多没有暴露的优点，对手的身后有许多你注意不到的点点滴滴的努力，这都是你不了解的。学习对手之长，弥补自身不足，才能提高自己。

2.要战胜对手，就得放下身段，承认自己的不足，找到自己的缺点。

谁最明白和了解你的缺点？当然是对手了，因为对手攻击的关注的就是你的缺点。任何人都有弱点，都有盲点，在对手的眼里，也许你浑身都是缺点。许多人总是听不得逆耳之言，受不得别人的批评，忍不住别人的嘲弄、讽刺、挖苦、打击，也就进步了。因为，凡是能够刺痛你、揭你短处、让你不安的肯定是你的不足之处，认识到才能纠正，没有认识，何谈改正？更不要奢谈提高了。所以，我们要虚心、高兴、愉悦地感谢别人对你的攻击，因为被攻击后你能够更深刻地认识自己的短处和缺点。

3.要重视对手，尊重对手，向对手学习。

无视对手、蔑视对手，其实是大忌，看不起对手的人、狂妄自大的人，是不会进步的。所以我们要“高看”对手，只有真正地从心底重视对手，你才可以更多地了解对手，从对手身上学到更多的东西。从气势上可以蔑视对手，但是，从战术上必须重视对手，不重视对手的人，必然被对手所击败。

心理支招

孙子告诉我们，无论做什么事，我们要想获得成功，就要学会顺势，更要学会忍耐，做到蓄势待发，时刻准备着，积蓄能量，等待机遇的到来。

第四篇　军形篇：隐忍等待，运筹帷幄

《军形篇》是《孙子兵法》第四篇，讲的是具有客观、稳定、易见等性质的因素，如战斗力的强弱、战争的物质准备。这里，孙子强调的是，要做足准备，就必须力求做到守必固、攻必克，以造成我方必胜的形势。从这一点，我们也应当获得启示，社会生活中，我们参与人际之间的竞争和较量，也一定要运筹帷幄，实力不足要隐忍等待，形势有利于自己时就要先发制人，一举夺得成功。

军形篇——孙子守必固、攻必克的思想

孙子曰：昔之善战者，先为不可胜，以待敌之可胜。不可胜在己，可胜在敌。故善战者，能为不可胜，不能使敌之必可胜。故曰：胜可知，而不可为。

不可胜者，守也；可胜者，攻也。守则不足，攻则有余。善守者，藏于九地之下，善攻者，动于九天之上，故能自保而全胜也。

见胜不过众人之所知，非善之善者也；战胜而天下曰善，非善之善者也。故举秋毫不为多力，见日月不为明目，闻雷霆不为聪耳。古之所谓善战者，胜于易胜者也。故善战者之胜也，无智名，无勇功，故其战胜不忒，不忒者，其所措必胜，胜已败者也。故善战者，立于不败之地，而不失敌之败也。是故胜兵先胜而后求战，败兵先战而后求胜。善用兵者，修道而保法，故能为胜败之政。

兵法：一曰度，二曰量，三曰数，四曰称，五曰胜。地生度，度生量，量生数，数生称，称生胜。故胜兵若以镒称铢，败兵若以铢称镒。胜者之战民也，若决积水于千仞之溪者，形也。

这段话的含义是：

孙子说：从前，那些善于指挥战斗的人，总是能创造条件让自己克敌制胜，然后寻找到能战胜敌人的机会。做到不可战胜，就会掌握战争的主动权；敌人出现破绽，就乘机击破它。因而，善于作战的人，能够创造不被敌人战胜的条件，不一定使敌人被我战胜。所以说，胜利能被预测，但却是无法强求的。

若要不被敌人战胜，第一要做的就是防守工作；能战胜敌人，就要进攻。采取防守，是因为条件不充分；进攻敌人，是因为时机成熟。所以善于防御的人，隐蔽自己的军队如同深藏在地下；善于进攻的人，如同神兵自九天而降，攻敌措手不及。这样，既保全了自己，又能获得全面的胜利。

在遇见战争成败的问题上，如果没有过人的见识，是不能算高明的。能战胜敌人而全天下都称道的人，不能算是高明的指挥者，这就好像举起秋毫不算力大，看得见太阳和月亮不算视力好，而听得见雷鸣不算听力好一样。在古代，那些有战争指挥才能的人，总是战胜容易战胜的敌人。因此，善于打仗的人打了胜仗，并不算有过人的智慧，也不会有显赫的名声，他们的战争谋略不会有差错，之所以如此，是因为他们的措施都是建立在必胜的基础上，他们在气势上已经战胜了敌人。善于作战的人，总是使自己立于不败之地，而不放过进攻敌人的机会。因此，常常胜利的军队总是在具备了必胜的条件下才交战，而失败的队伍总是先交战，然后希望能侥幸获得胜利。善于用兵的人，首先要保证政治修明、法制完善，这才是决定战争必胜的先决条件。

兵法上有五项原则：一是度，二是量，三是数，四是称，五是胜。度来源于土地的广阔与否，土地辽阔与否决定了物资的多少，军赋的多寡决定了军队的规模，而军队的规模决定了战斗力，军队的战斗力也就决定了战争最后的胜败。所以胜利之师如同以镒对铢，是以强大的军事实力攻击弱小的敌人；而败军之师如同以铢对镒，是以弱小的军事实力对抗强大的敌方。用兵策略高的人指挥作战，好比在万丈悬崖决开山涧的积水一样，这就是军事实力中的“形”。

心理支招

《军形篇》讲的是具有客观、稳定、易见等性质的因素，如战斗力的强弱、战争的物质准备。说详细一点，这一篇是议论战争的攻守问题，而着重又是议论如何造成一种守必固、攻必克，以求“全胜”的形势。全篇内容大致分为三部分：一、提出在战争中实行进攻与防守所必须坚持的基本原则。二、提出应先认清必胜的形势，然后用兵的原则。三、强调善于用兵的人应重视“修道而保法”，修明政治，严肃法度，以造成我方必胜的形势。

保护好自己，别轻易透露底牌

孙子曰：“善守者，藏于九地之下。”

这句话的意思是，善于防御的人，隐蔽自己的军队如同深藏在地下。

孙子这句话的意思是，战争中，那些防御工作做得好的将领，都懂得保护好自己的军队。同样，我们在现实生活中，与对手较量，也要保护自己，不能轻易透露自己的底牌，毕竟，人与人之间的博弈，其实就是心理的博弈，越是暴露自己，越是将自己置于危险的境地，而智者都懂得隐藏自己。

曾国藩是清末腐败官场中独有的清正廉洁的代表，他善于自我保护，上承三省吾身的祖训，下开自我批评的先河，他为人谦逊低调，时刻不忘修身养性，即便为清廷平定天平军，也不居功自傲，因为他深知，身处官场，如果不懂得保护自己，很容易走歪路、栽跟头。

其实，我们每个人都懂，购买商品的时候人们都知道隐藏自己的喜好，但在与人交往的时候，却不懂得“人心不可测”，不懂得隐藏自己的情绪和实力，被人利用后才悔不当初。同样，我们也要明白，“害人之心不可有，防人之心不可无”，如果你太过暴露自己，很容易被人当成射击的靶子。

然而，生活中，有一些人，喜欢意气用事，性格大大咧咧，对人丝毫不设防，情绪也很容易被周围的一些小事影响，冲动易怒。其实，这样很容易得罪人，不利于人际关系的建立。

那么，我们该怎样保护好自己呢？

1.藏好自己的实力和底牌。

初入职场的小刘就是因为一句话被自己的主任害惨了：

小刘毕业以后，就通过亲戚关系进入现在的公司，而且，该部门主任还是小刘的大学师兄，他想，千万不能让同事们知道这一层关系。可是，刚进公司第一天，部门的主任就向同事们介绍："这是小刘，他是我大学的师弟，以后你们可得关照着点啊。"

小刘一听，心里就泄了气，本来，他还想通过自己的努力证明自己呢，这下子全被主任搅黄了。不过，从进公司第一天开始，似乎同事们都对自己很好，个个献殷勤，就连那些老同事，也争相对小刘指导工作，可以说，刚开始那段时间，小刘工作起来真是如鱼得水。小刘的工作能力也提高了不少。

可是，好景不长，也不知是什么原因，主任莫名其妙地被调走了，而小刘也被打入了"冷宫"。其实，单位那些人都为小刘鸣不平："小刘其实是个很努力的年轻人，他付出了不少，才能有今天的成绩。他从来没有因为自己是主任的学弟而有什么优越感。"但毕竟新的主任不这么想，他认为小刘跟主任有私交，小刘就是一个靠关系吃饭的年轻人。他的所有成绩都被否定了。

从小刘的遭遇中，我们可以看出，在这个复杂的社会中，特别是人际关系复杂的职场中，还是少亮底牌，藏好自己，这样，才能保护好自己。

2.藏好自己的情绪。

藏好自己的情绪，就是说，年轻人，不管遇到什么事，不要把喜怒哀乐都挂在脸上，才不至于让别人抓住把柄，让人有机可乘。

小李是个急性子，说话总是不怎么注意，一不小心就会惹到公司的同事，当然，他都是有口无心的。有一天，他一不小心听到公司那个一直和他作对的同事说他的坏话，心中非常愤慨。

在回家的路上，装着满肚子的火气，他一边生着气，一边想着怎么把这些辱骂的话还回去。走着走着，他无意间走进路边的玩具店，看见两个小女孩指着一个布娃娃评头论足。这个娃娃的造型可能和她们心中想象的差别很大，或者是和她们不喜欢的玩伴的布娃娃一样，反正，她们对布娃娃横挑鼻子竖挑眼的，可是布娃娃坐在货架上对那些无知的指责无动于衷。

小李望着那个布娃娃，只觉得自己滑稽可笑，受点委屈连一个布娃娃都不如，还算什么男子汉大丈夫！这么一想，满肚子火气一下子不知跑到哪儿去了。

第二天，那个同事已经知道小李听到他和其他同事的谈话，但小李却一如既往，任何怪罪的意思都没有，那个同事自知惭愧，主动与小李和好了。

小李的做法是正确的，在听到同事的辱骂后，原本“义愤填膺”的他准备还击，但布娃娃却教育了他，从而避免了一场同事间争吵。

戴尔·卡耐基说，“学会控制情绪是我们成功和快乐的要诀。”世界上没有任何东西比我们的情绪更能影响我们的生活了。如果你不管遇到什么事，都能藏好自己的情绪，然后冷静地处理，会为你减少很多不必要的麻烦。

总之，毫无城府的你可能认为只有对人真诚才能交到朋友，但你要明白的是，隐藏并不等于不真诚，隐藏只是让别人了解你的一部分，而不等于欺骗，这两者的性质不一样。

心理支招

孙子告诉我们，与人相处，我们除了要懂得洞察他人的内心，更要懂得把握好藏与露的尺度，只有藏好自己，才不会轻易被人看穿，这样，即使对方想对我们“下手”，也会有所顾忌。

先发制人，占据优势

孙子曰：“不可胜者，守也；可胜者，攻也。”

这段话的意思是，在认为无法战胜敌人的情况下，就要采取防守的策略，而能战胜敌人，就要进攻。

这里，孙子不仅强调了战争中该防守的情况，还表明进攻的重要性。同样，我们也都知道，与对手较量，掌握越多的信息，越能帮助我们获得成功。这就是为什么人们常说要思虑周全再出手，然而，这一策略也是存在局限性的，在一些明显占据优势的较量下，时机显得尤为重要，此时，先发制人更能让我们占据优势。

两人在树林里过夜，早上，突然树林里跑出一头黑熊，两人中的一人忙着穿球鞋，另一个人则说：“你把球鞋穿上有什么用？我们又跑不过熊！”忙着穿球鞋的说：“我不是要跑得快过熊，而是要快过你。”

这个故事听起来有点无情，但在这个“快者为王”的时代，“快”者生存，竞争就是如此。当然，“快”的背后其实体现的是博弈者的高瞻远瞩、洞察未来的战略眼光，是其战略远见的表现，而非简单的执行力的效率高，它必定是经过了深思熟虑的考虑和探讨，之所以会让旁观者认为其行动迅速、先于其他人而动，关键在于其长远的预见性，先于别人看到了未来的趋势和变化，才能够从容不迫的作出快速反应和抢占先机。

我们再来看下面这样一个销售案例：

一天，某手机大卖场来了一位年轻时尚的小姐。在卖场转悠了半天的她终于停在了一款时尚新型的手机旁，并比对着其他几款手机看了起来。这时候，销售员迎了上去。

销售员：“小姐您好，您的眼光真好，我们这专柜的手机都是国内很知名的品牌，这几款手机都是今年的新款，都是针对您这样时尚靓丽的女性设计的。依我看，这款玫红色的手机就很适合您。”

客户：“是不错，我感觉挺好的，可是这价格有折扣吗？”

销售员：“这款手机的确挺适合您这样的时尚大方的女孩子。不过我们这些手机都是新款，是不打折扣的。如果是我，也会觉得有点贵，毕竟现在的手机也都越来越便宜。不过一分价钱一分货，我们这款手机之所以价格相对较高，是因为它不仅有非常多样的功能，而且颜色鲜艳，时尚，款式设计新颖，不俗套，看起来非常高贵、典雅，是一种品位和个性的表现。如果相对于这些来说，这个价格绝对是划算的。”

客户：“可是我还是觉得贵，要比普通的手机贵出一千块呢。”

销售员：“您说得没错，一般的手机真的便宜很多。但可能是我还没有解释清楚，这款手机不仅外观吸引人，而且在功能方面也是相当先进的。您看一下手机功能介绍，您看一下这个产品介绍，无论是日常功能还是娱乐功能，都非常好。而且，这是一款新上市的手机，相对一般的新品来说，还是很便宜的。最重要的是，我真的觉得这款手机很适合小姐您，可以说与您的大方气质相得益彰。您用再合适不过了。”

客户：“我是挺喜欢的，可是真的不打折吗？”

销售员：“是的，小姐。如果您真的喜欢，就拿上吧。这种概念型的手机都是限量版的，国内就几十款，如果您以后想买的时候很可能厂家就不生产了。那样的话您一定会觉得遗憾。”

客户：“是吗？那我就买这款了。”

案例中，这位销售员是精明的，当他发现客户看上了专柜中的这款手机后，立刻迎上去并承认客户的眼光，而当提及价格问题时，他先澄清价格贵的原因，这样就打消了客户还价的理由，于是，客户最终还是决定购买。

从这个案例中，我们可以发现超前规划的益处，在销售乃至商业活动中，我们必须要有这种凡事超前规划的习惯，才能比别人更快获得财富。当今社会，市场竞争异常激烈，市场风云瞬息万变，市场信息流的传播速度大大加快。可以说，谁能抢先一步获得信息、谁就能捷足先登，独占商机。这是一个“快者为王”的时代，速度已成为竞争的基本生存法则，如果你“慢一步”，你就很可能被他人吞噬掉。

总之，激烈的市场竞争下，先机稍纵即逝，速度就成了获胜的关键因素之一，此时，你的成败要看“快”与“慢”了。

心理支招

生活中，无论是为了获得财富还是参与人际竞争，我们只有快人一步，超前规划，并将可能的情况都考虑在内，这样，我们成功的可能性才最大。

忍辱负重、卧薪尝胆的勾践

孙子曰：“故善战者，立于不败之地，而不失敌之败也。”

这句话的含义是，善于作战的人，总是使自己立于不败之地，而不放过进攻敌人的机会。

这里，孙子阐述了其“全胜”的思想，要进攻，就要做到必胜。而反过来，如果实力不足，就不能贸然进攻。此时，孙子认为就要忍耐。我国古代将忍辱负重这一意志力发挥到极致的莫过于卧薪尝胆的勾践了。

相传，勾践战败后，他接受了大臣文种的建议，收买了吴国太宰伯喜丕向夫差称臣纳贡求降，越王和王后到吴国给夫差为奴做妾。夫差答应了，却在吴国对勾践夫妻极尽羞辱，勾践在夫差面前一副感恩戴德、五体投地的奴才相，嘴里还感激夫差不计前嫌，以德报怨，宽宏仁慈。勾践在夫差面前表现得十分恭敬，称自己为贱臣，小心翼翼，百依百顺。夫差要上马，勾践就跪下来让夫差踏在自己的背上。夫差生病了，勾践在夫差面前寝食难安，问病尝粪，嘴里一边吃着夫差的大便，还一边说出自己的忠诚之志：“恭喜大王，大王的病就快好了。”

就这样，勾践以自己的谦卑打动了夫差，终于夫差下令让勾践回到越国。勾践回到越国之后，立志要报仇雪恨，他唯恐眼前的安逸消磨了自己的志气，于是在吃饭的地方挂上一个苦胆，每逢吃饭的时候，就先尝尝苦味，并问自己：“你忘了会稽的耻辱吗？”他还把席子撤去，用柴草当作褥子，这就是后人一直传诵的“卧薪尝胆”。

勾践卧薪尝胆，我们可以将其归结为三十六计中的“假痴不癫”“釜底抽薪”“笑里藏刀”，在吴王夫差面前，勾践简直跟奴才差不多，甚至比奴才更卑贱，不仅受到了夫差的百般侮辱，而且嘴里还感激夫差不计前嫌、以德报怨，并自称“贱臣”。这样的姿态，比委曲求全更甚，自己所受的侮辱和苦难那不是普通人能及的，但勾践都一一忍了过来。其实，他早就有了复国大计，之所以在夫差面前百般受辱，那是为了赢得夫差的信任，这样自己就可以早日回到越国去施行复国大计。那看似的委曲求全，实则是一个计谋，勾践早已将整个计划运筹帷幄于股掌之间，这才有了后面“勾践灭吴”的故事。

当然，孙子认为，忍辱负重，也是有目的的，如果一个人是毫无目的地忍耐，不管遇到何人何事都采取忍耐的态度，那这样的忍耐就是愚蠢的。在忍耐的同时，我们应该问自己“为什么忍耐”、“忍耐需要达到什么样的目的”，当心中有计划，那就必须忍耐；羽翼未丰，也需要忍耐。这样的忍耐是一种智谋，因为在委曲求全的同时，他早已将所有的计划掌控于胸中，忍耐不过是为赢得最后成功拖延时间而已。

小王大学毕业后，为了锻炼自己的能力、积累社会经验，他一直在做业务方面的工作。这样，逐渐地积累了一些经验，他为了更好地发展，跳槽到一家大型公司的业务部，他所担任的职位是协助新来的业务经理开展工作。那个业务经理也是新人，刚到公司一个多月。小王在工作中与他相处一段时间，就发现了那位经理不但在工作中存在着许多问题，而且脾气也很臭。他业务能力很差，几乎都是依靠下面的业务员拿业绩，而且心胸狭隘，也不懂得尊重人，总是带着命令的口吻与下属讲话。如果工作中不小心出了错，他也不顾及你的颜面，当众就把你教训一顿。因此，许多业务员实在受不了，和他发生了争执就辞职走人。

面对这样的经理，小王心里也很窝火，因为他自己也经常被训斥。但是，他并没有发作，而是始终赔着笑脸，因为他心里很清楚，摆在他面前的只有两个选择，要么和他大吵一架，然后走人；要么忍辱负重，等待时机。聪明的他选择了后者，半年以后，公司高层也发现了业务经理的问题，通过调查，认为他不适合做业务经理，就找了个理由把他辞退了。而小王，因为一直表现不错，被公司任命为业务经理，这下子，小王如鱼得水了，很快把业务开展了起来，为公司创造了很大的经济效益，赢得了公司上上下下的尊重。又过了几年，他被提拔为主管业务的副总经理，过上了有房有车的生活。每当谈起这一切的时候，小王就不无感慨地说：“我能有今天，就是因为我当初懂得忍耐，隐忍了狂妄的经理，而没有意气用事！”

在每一个人的成长过程中，难免会遇到一些坎坷与挫折，遇到一些不尽如人意的事情，在这个时候学会“舍高取低”，懂得弯腰，以一种隐忍的沉默来面对，以一份从容的心态去面对眼前的境遇，这就是一种曲中求直的境界，是一种审时度势、大智若愚的胸怀，更是一种处世的智慧。

中国历来是一个功夫之国，那么隐忍就是中国功夫的一种功夫道德，也是一种社会道德。当你学会了隐忍地做人，那么无意中也会培养自己良好的道德品质。有的人很较真，每天都高调地活着，眼里容不得一颗沙子，这样的人显得很愚笨，那么多的负荷压得自己千疮百孔，遗失了独立的从容与淡远。生活如果太过较真，则只会让自己伤害更深。学会以隐忍的态度做人，才能成就自己的一生。

心理支招

心字头上一把刀，那就是忍。在人世间，每个人最难面对的就是“忍”字了，因为做到它太困难了，所以，“忍”的人生境界太高了。忍耐很多时候就是隐忍，与对手较量中，如果我们的实力不足以“大获全胜”，就要懂得隐忍，忍耐之后，我们才能获得成功。

小不忍则乱大谋

主不可以怒而兴师，将不可以愠而致战，合于利而动，不合于利而止。

孙子认为，国君不可以因一时的愤怒而兴兵打仗，将帅不可凭一时的怨愤而与敌交战，因为一个人愤怒过后可以转变为高兴，怨愤过后可以转变为喜悦，但国家灭亡了就再也难以恢复了，人死了就再也无法变活了。一切都要以是否有利为转移，合于利则动，不利则止，这才是理智的行为。

这里，孙子告诉我们，是否理智地处理事情，有时就成为事情成败的关键。大事是这样，小事也是这样。常言道：“小不忍则乱大谋。”生活中的每一个人，在人生中难免会深陷逆境，却一时又无力扭转面临的逆境，那最好的选择就是暂时忍耐，因为事情总是在不断变化中，一旦有利的时机到了，那成功就指日可待了。所谓“忍一时风平浪静，退一步海阔天空”，学会在忍耐中等待命运转折的时机。大凡成大事者，必定能忍得一时之辱，容得一时之痛。忍耐是一种品质，一种精神，更是一种成熟，一种理智，因为忍耐，在磨难挫折面前坦言豁达而不灰心丧气，它似乎可以给人生一种奋进的力量，在布满荆棘的道路上，在变化莫测的航行中，忍耐给予的生命光芒在信念中闪烁。

当然，忍耐并不是坐在那里默默地忍受一切，而是从心里上接纳所面临的事情。当生活中的挫折与困难迎面而来的时候，暂且不去下判断，不论遇到多么大的事情，最好暂时忍耐一下，也许到了下一刻钟事情就会有所转机，有了解决问题的办法。

曾国藩在初办团练的时候，有一次，绿营兵与湘军哄闹，到了晚上还潜入了曾国藩的府邸。对此，曾国藩亲自告诉了巡抚。然而，巡抚置之不理，曾国藩只好带着湘军迁到了城外，避开绿营兵的扰乱。有人对此表现不理解，曾国藩叹息：“大难未已，吾人敢以私愤渎君父乎？”在大敌当前，怎么能为个人利益而泄私愤呢？唯有忍辱负重才好，后来，曾国藩更是将“忍辱负重”之术发挥到极致。

湘军前期发展并不顺利，出征之初就大败于太平军，内心悲苦的曾国藩更是跳水自尽，后被救起，当时，曾国藩披头散发，满脸泥沙。战局的困顿让曾国藩情绪很是低落，心中萌发了退意。不久，曾国藩就以回家为父亲守孝为名，弃军而去。第二年，湘军攻占了九江，已经平复心境的曾国藩决定重新出山。

再次出山并没有赢得清政府的信任，一方面战事不利，另一方面，朝廷长期不给湘军体内制的身份，也不授予曾国藩正式的官职。后来，曾国藩才被授职为两江总督统帅湘军。不过，在任职中，朝廷的猜疑使得他战战兢兢，如履薄冰。咸丰年间，朝廷在短时期内连发两道诏书，一道是任命，一道是取消任命。曾国藩大叹：“我浴血奋战，受此猜疑，令人心寒，若被谋害，墓志铭里一定要替我鸣冤，否则死不瞑目。”

就这样，曾国藩长期没有官职，没有地盘，没有实权，筹不到军饷。曾国藩率领着湘军孤军奋战，有时候还会被怀疑是伪军。对此，曾国藩只能忍辱负重。后来因战败而准备再度自杀，但最终，他还是顽强地忍了下来。直至天京沦陷，湘军镇压了太平天国起义，曾国藩将陷入危机中的清政府拯救了过来，从起兵到胜利，曾国藩忍辱负重地度过了这痛苦的十多年。

曾国潘那忍耐的勇气简直到了无法形容的程度，即便自己在压力下快要自杀的时候，他还是忍了下来，这不是懦弱，这才是真正的勇气。即使这样，曾国潘在检讨自己的缺点时，这样说道："自己忍得不够，有三大过错：平日不敢信、不尊敬别人，相对傲慢太甚；平时一句话不对劲，就怨恨无礼；抵触分歧之后，别人反而恢复平静易顺，自己却反而悍然不近人情。"检讨了自己的三点不足之外，曾国藩更注重"忍辱负重"，于是，在经历了漫长的阴霾之苦，他终于迎来了人生的艳阳天。

俗话说："人生在世不如意十之八九。"在生活中，我们总会为这样或那样的事情而烦心，但是，如果我们想生存在纷繁复杂的世界里，最重要的就是学会"忍辱负重"，并练就这样的勇气。正所谓"小不忍则乱大谋"，在千变万化的社会中，难免会发生磕磕绊绊的事情，尤其是深似海的职场或官场中，斗争、受辱更是在所难免。所以，有时候，当我们置身于受辱的环境中，要懂得忍耐，鼓足勇气忍下去，这样才能取得最后的胜利。

前不久，公司下达了一个关于质量检查的通知，要求各部门届时提供必要的材料，准备汇报，并安排必要的检查。老李是销售部门的办公室主任，照例是先经过自己的手，再送交有关局长处理。老李看到此事比较着急，当日便把通知送往了局长办公室。当时，局长正在接电话，看见老李进来后，只是用眼睛示意了一下，就让他把东西放在桌子上。于是，老李照办了。然而，就在检查小组即将到来的前一天，部里来电话告知到达日期，请安排住宿时，这位主管局长才记起此事。他气冲冲地把老李叫来，一顿呵斥，批评他耽误了事。

在这种情况下，老李深知自己并没有耽误此事，真正耽误事情的是局长自己，可他并没有反驳，而是老老实实地接受批评。事过之后，老李立即到局长办公室找出那份通知，连夜加快班、打电话、催数字，很快地就把需要的材料准备齐整。

事后，局长越发看重忍辱负重的老李，在一次公司大会上将他推荐了出去。

老李明明知道这件事不是自己的责任，却甘愿闷着头来承担这个罪名。其中的原因在于，他知道自己在必要的时候为上司背黑锅，尽管自己眼下受点委屈，但是到最后自己会有相当大的好处，而事实证明他的想法和做法都是正确的。所以，我们应该学会适时忍辱负重，他日定会走向成功。

在日常工作中，不论自己身处何职，都需要有忍辱负重的勇气。当领导将某些事故的责任推到自己头上的时候，这时候你必须有“忍”的勇气。有时候，即便明明是领导的过错，或者是处理不当，但在追究责任的时候，不要据理力争，而是鼓起勇气去忍耐，忍耐领导对自己的指责，因为忍耐之后，将是领导对你的信任。

心理支招

忍耐不是软弱，而是一种大度；忍耐也并不是妥协，而是一种胜利。在生活中，学会审视一下自己，我们根本没有理由对周围的一切都那么苛刻，要学会忍耐，这样会让生活变得更加轻松。

收敛锋芒才能成大事

孙子曰：“善守者，藏于九地之下，善攻者，动于九天之上，故能自保而全胜也。”

这段话的意思是，所以善于防御的人，隐蔽自己的军队如同深藏在地下；善于进攻的人，如同神兵自九天而降，攻敌措手不及。这样，既保全了自己，又能获得全面的胜利。

这里，孙子指出，无论是“攻”还是“守”，都要获得全面胜利，从这段话中，我们也看到了军队防御的重要性。其实不只是行军打仗，我们在日常的人际竞争中，也要懂得自我隐蔽，不可锋芒毕露。

在西方流传着这样一句话：“尽管星星都有光明，却不敢比太阳更亮。”纵观历史长河中，多少有才能的人，不仅没有因为才能而走出人生的广阔天地，反而因为太过暴露自己的才能而陷入了人生的低谷。游走于社会，切忌争强好胜，事事张扬，人们都愿意与一些稳重谨慎、收敛锋芒的人相处，因为锋芒毕露的人，往往会给人浮躁、偏激、年轻气盛和缺乏修养的印象。相反，若是收起锋芒，韬光养晦，则给自己留下一份回旋的余地。老子说：“大巧若拙，大辩若讷。”意思就是说那些大智慧的人、真正有本事的人，虽然有丰厚的才华学识，但平时像呆子，从来不自作聪明；有的人虽然能言善辩，但表现得就好像不会说话一样。早在几千年以前，老子就一语道破了智慧人生的玄机，那就是我们无论处于一个什么样的位置，锋芒必不可露，不要随处显示自己的聪明。

汉武帝即位之初，下诏征求贤良有识之士，东方朔也赶来凑热闹，他上书说：“臣自幼失去父母，由兄嫂养大，12岁开始学书法，3年之后文史知识足资运用；15岁学击剑；16岁学诗书，背诵22万言；19岁学习孙武兵法，战阵排列，也背诵了22万言，臣身高九尺三寸，眼睛明亮如宝珠，牙齿整洁如有序的贝壳，像孟贲一样勇敢，像庆忌一样敏捷，像鲍叔一样廉洁，像尾叔一样忠信。像我这样的人，可以做陛下的大臣。”这份奏章自视甚高，油腔滑调，偏偏汉武帝觉得此人比较奇特，下令东方朔等诏于公车。

有一天，东方朔陪汉武帝游上林苑，汉武帝指着苑中一棵树，问东方朔：“此树叫什么名字？”“叫善哉。”东方朔随口答道。汉武帝暗中叫人将这棵树做了记号，并记下东方朔说的树名。几年后，汉武帝和东方朔又来到那棵树前，汉武帝问东方朔：“此树叫什么名字？”“叫瞿所。”东方朔随口说道。

汉武帝脸色一沉，呵斥道：“你竟敢欺君，同一棵树，为何有两个名字？”东方朔不慌不忙地回答：“陛下，马长大之后，我们才叫它马；在它小时候，我们却称之为驹；鸡也一样，在它小时候，我们叫它雏。这棵树也有一个生长过程，我以前叫它‘善哉’，现在叫它‘瞿所’，有什么好奇怪的？”汉武帝明知东方朔是在诡辩，但对他的足智多谋非常欣赏，就没有追究。

东方朔聪明绝顶，但一直没能得到汉武帝的重用，多数时间只是郎官，仅供汉武帝取乐而已。东方朔也曾满怀壮志，上书陈请农战强国的大计，但是，汉武帝始终没有采纳他的意见，而这，主要是因为汉武帝认为他小聪明太多的缘故。

聪明算得上是一件好事，但是像东方朔这样炫耀卖弄则不可取，免不了惹来“树大招风”的危险。东方朔既有大智慧，也有小聪明，然而他并不懂得大智若愚的道理，对任何事情都喜欢耍小聪明，自以为是，给汉武帝一种总是在表现自己的感觉。因此，虽然东方朔比较聪明，但却没有得到重用，主要就是因为汉武帝认为他太聪明的缘故。

王女士在一家德国公司驻上海分公司做公关经理，她在商场上有很高的声誉。有一次，德国总公司的几位最高领导决定在上海举行宴会，除了上海分公司的总经理以及一些要员外，德国总部的要员当然少不了，再加上一向合作无间的大客户，宴会办得隆重、盛大。王女士作为上海分公司的公关经理，她经常以女强人自居，因为在许多方面，她所带领的团队都是干得最出色的。在宴会上，不知是被胜利冲昏了头脑，还是内心的自豪感作祟，她的风头竟凌驾于总经理之上。

宴会当晚，王女士周旋于宾客间，确实令现场的气氛甚为愉快。直至分别由总公司的高级主管以及分公司的总经理说话时，她也在旁边介绍他们出场。到了自己的上司，也就是分公司的总经理，她在介绍之前，竟擅自做主地说了一段话，感谢在场客户的支持。虽然仅仅是几句话，这已经让总经理皱起了眉头，因为她当时负责的只是介绍上司出场，并没有发言这个环节。

宴会结束后，分公司总经理被上级邀请开会，研究他是否能坚守自己的岗位，而不是凡事都由公关经理代为处理。最后，王女士主动辞职，理由是自己被削权了，但她始终不知道是自己锋芒太露而喧宾夺主。

身处职场，被人比下去是一件令人恼火的事情，因此，如果上司被自己超过，这对我们来说不但很糟糕，而且还会产生致命的后果。在职场，自以为是的优越感总是令人讨厌的，尤其是很容易招致领导和同事的嫉妒。对于领导者来说，他最讨厌自己被超过了，当领导的总是要显示出在一切重大的事情上都比其他人高明，他喜欢被人辅佐，但最讨厌被人超越。在这样的情况下，如果你锋芒毕露，逞强显能，那必然会自食其果。

那些到处显露聪明的人实际上并没有受到人们的喜欢，他们会处处受到排挤，最后郁郁不得志。我们深究其原因，那就是他们锋芒太露，太过张扬，从来不掩饰自己的聪明，甚至为了表现自己的聪明才智，他们常常口若悬河、直抒胸臆，丝毫不考虑别人的感受；或者毫不留情地当面指出对方的错误，不给对方一个台阶下。

心理支招

从《孙子兵法》中，我们应获得启示，一个人有绝顶的聪明，有满腹才华，那固然是好事，但在合适的时机运用才华而不被或少被人所妒忌，避免功高盖主，这才是最大的才华。一个拥有大智慧的人，他从来不会到处炫耀自己的聪明和才华，因为他懂得更好地保护自己，这样的人才是真正有智慧的人。

尽力就好，凡事不强求

故曰：胜可知，而不可为。

这句话的含义是，所以说：胜利可以预测，但不可强求。

从这段话里，我们可以看出，孙子认为，任何战争计划，即使考虑得再完备，也有失败的可能，所以胜利是不能强求的。同样，在我们生活中，我们做任何事，只要尽力就好，凡事顺其自然，不必强求。为此，哲学家尼采曾说："有人认为做事应该用全部的力气，其实，最合适的力气是四分之三，用四分之三的力气完成的东西，少了几分压抑，给人的是轻松和舒畅的感觉，这样的东西，更为众人接受。”这里，尼采要告诉我们的是，做事不要有太强的目的性和功利性，以四分之三的力气，更能让人在轻松的心境下完成工作。

诚然，作为一个平凡的人，我们每个人都害怕失败，渴望成功。于是，人们在做事前，都会产生各种顾虑，都会迟疑不定。而实际上，正是因为对做事成果有太强的目的性，而导致了我们有可能失去勇气，还有在做事的过程中产生恐惧、担忧的情绪，最终也会影响做事情的结果。在现实生活中，很多人常常就是因为左顾右盼没有具体行动而最终一事无成。

有一对夫妻，恩爱有加，令很多人都羡慕。然而他们有一块心病，块垒般郁积心头，一直挥之不去：结婚五六年了，还一直没有属于自己的爱情结晶。小两口那个急呀！一有空就四处寻医问药，但几年过去了，妻子的肚子却始终不见有怀孕的迹象。更为严重的是，以前身体健壮如牛的妻子，竟然和各种莫名其妙的疾病结上了缘，攀下了亲。开始是整天整天地肚子痛，痛得是常常出满身满身的虚汗；痛得是常常在床上打滚；痛得是常常大呼小叫、鬼哭狼嚎。不得已，他们全家四处求医问药，但都不见好转，连续的奔波，搞得他们身心俱疲。

父母流泪了，劝他们想开点；朋友们伤心了，劝他们顺其自然。小两口不表示拒绝，也不辩驳，均一笑了之。

有一天，小两口到医院打点滴，一个护士看着他们青一块紫一块的胳膊，还有胳膊上密密麻麻针头扎过的小红点，不禁落泪了：顺其自然吧，是自己的别人抢不走，不是自己的莫强求……

听着这温柔的、天使般的声音，小两口陷入了沉思：是啊，小护士和我们素不相识，她干嘛要劝我们？还不是看到我们身心俱疲的样子产生悲悯之情了吗？顺其自然，是自己的别人抢不走，不是自己的莫强求……说得多好啊！

回到家，小两口像换了个人似的，把医院买来的各种中药、西药统统扔进了垃圾堆。小两口相视一笑，顿时浑身轻松。

一个周末，妻子翻翻日历，发现例假很久没来，然后拿出试纸，检测了一下，发现居然怀孕了，小两口紧紧地相拥在一起，激动的泪水夺眶而出……

后来，丈夫向朋友叙说：“真的，自从思想放松后，妻子的什么小烧不断、肌肉乱颤、大肠易激、夜间失眠，统统地不治而愈。”他在叙述这一切的时候，我发现，他的脸色很平静，似乎在叙说一个与自己毫不相干的故事。

凡事顺其自然，确实至为重要。有些事情就是奇怪，你越努力渴求的，它反而迟迟不来，让你等得心急火燎、焦头烂额。终于，你等得不耐烦了，它却又如从天降，给你个惊喜满怀。

有人说，生活就是由各种大大小小的事组成的，按照世俗的标准，人们在做事的时候，有成功，就有失败；有得意之作，也就有失意之作；有过艰辛，当然也伴随着快乐。成功如何？失败如何？其实，这些都是生活的插曲而已。“凡事顺其自然；遇事处之泰然；得意之时淡然；失意之时坦然；艰辛曲折必然；历尽沧桑悟然。”这“六然”的句子，凝集了人生的处世智慧。然而，人们更愿意相信事在人为，当然，相信人的力量是积极向上的一种表现，但刻意的追求可能会带来失落、沮丧、遗憾等，以自然的心态面对，反而会收获满满！

强扭的瓜不甜，强求的事难成，一切要尽量顺其自然。只要我们付出四分之三的力气就好。

那么，我们该怎样学会凡事顺其自然呢？

1.排除功利因素，真诚地追求梦想。

如果你留心一下周围形形色色的人，就会发现，一些人生活得开心、快乐，并不是因为他们坐拥名利地位，拥有豪宅、名车等，他们只不过是能够真正地为实现梦想而努力，怀着最真诚的心去努力寻找自己想要的东西而已。然而，现实生活中，多数人对于那些最初的梦想，应该都只是把它们当成最遥远的梦想而默默地埋藏心底吧！当你年迈时，你是否才会感到遗憾？

事实上，大多数人之所以与梦想渐行渐远，就是因为他们总是给自己找很多理由，例如，我资金不够多；我学历不高；竞争太激烈，做这个太冒险了；我没有时间；我的家人不支持我……而没有足够的资金，没有学历，没有这个那个，其实都是因为你太在意成败，忘却了那句最常听说却最容易忽略的话：胜败乃兵家常事，左右迟疑只会一事无成。

2.坚持你的目标。

据说，有一次，爱因斯坦上物理实验课时，不慎弄伤了右手。教授看到后叹口气说：“唉，你为什么非要学物理呢？为什么不去学医学、法律或语言呢？”爱因斯坦回答说：“我觉得自己对物理学有一种特别的爱好和才能。”

这句话在当时听似乎有点自负，但却真实地说明了爱因斯坦对自己有充分的认识和把握。

心理支招

人说，人生路漫漫，人生路奇妙，因为各种突如其来的选择，使我们与许多本来有缘的道路绝缘，又会走上本来不应产生关系的道路。而我们需要做的是，无论是做事还是追求人生理想，都不要绷紧自己的弦，凡事顺其自然，不必强求。

第五篇 兵势篇：实力第一，勇往无前

《兵势篇》是《孙子兵法》第五篇，讲的是指主观、易变、带有偶然性的因素，如兵力的配置、士气的勇怯。孙子认为，要击败敌人，就要严肃军纪、鼓舞士气。总的来说，还是要提升作战实力，力求做到势如破竹，一举夺得胜利。现代社会生活中的我们，也要有所启示，无论做什么，要有实力、有勇气，有胆有识，理智地冒险，才会获得财富、成功的垂青。

兵势篇——治军有道，造成功之“势”

孙子曰：凡治众如治寡，分数是也；斗众如斗寡，形名是也；三军之众，可使必受敌而无败者，奇正是也；兵之所加，如以碫投卵者，虚实是也。

凡战者，以正合，以奇胜。故善出奇者，无穷如天地，不竭如江海。终而复始，日月是也。死而更生，四时是也。声不过五，五声之变，不可胜听也；色不过五，五色之变，不可胜观也；味不过五，五味之变，不可胜尝也；战势不过奇正，奇正之变，不可胜穷也。奇正相生，如循环之无端，孰能穷之哉！

激水之疾，至于漂石者，势也；鸷鸟之疾，至于毁折者，节也。故善战者，其势险，其节短。势如彍弩，节如发机。纷纷纭纭，斗乱而不可乱；浑浑沌沌，形圆而不可败。乱生于治，怯生于勇，弱生于强。治乱，数也；勇怯，势也；强弱，形也。

故善动敌者，形之，敌必从之；予之，敌必取之。以利动之，以卒待之。故善战者，求之于势，不责于人，故能择人而任势。任势者，其战人也，如转木石。木石之性，安则静，危则动，方则止，圆则行。

故善战人之势，如转圆石于千仞之山者，势也。

这段话的意思是：

大的军队的治理就好比小的队伍一样，来源于对其组织、结构、编制的合理编排；大的军队的指挥就好比小的队伍一样，是依靠明确、高效的信号指挥系统；整个部队与敌军抗衡，就不会失败，这是因为正确运用了“奇正”的变化；攻打敌方，就如同用石头砸鸡蛋一样容易，关键在于以实击虚。

大凡作战，正确的策略总是：以正兵作正面交战，而用奇兵去出奇制胜。善于运用奇兵的指挥者，其作战方法就如同天地运行一样无穷无尽，像大江大海一样永不枯竭，像日月运行一样，终而复始；与四季更迭一样，去而复来。宫、商、角、徵、羽不过五音，然而五音的组合变化，永远也听不完；红、黄、蓝、白、黑不过五色，但五种色调的组合变化，永远看不完；酸、甜、苦、辣、咸不过五味，而五种味道的组合变化，永远也尝不完。战争中军事实力的运用不过“奇”“正”两种，而“奇”“正”的组合变化，永远无穷无尽。奇正相生、相互转化，就好比圆环旋绕，无始无终，谁能穷尽呢？

激流之所以能浮起巨大的石块，是因为水流产生了巨大的冲击力量；猛兽能搏击可飞翔的雀鸟，并且一招制敌，是因为它找到了最佳的攻击对方的位置。在作战中，那些善于指挥的将领，他能形成险峻的态势和短促有力的进攻节奏。“势险”就好比蓄势待发的弓，“节短”正如搏动弩机那样突然。战旗飘扬，人马纭纭，双方混战，战场上呈一片混乱不堪的态势，但自己的指挥与阵脚一定要有组织性；战场上一片混沌，迷迷蒙蒙，两军搅作一团，但胜利在我把握之中。双方交战，其中一方方寸大乱，是因为对方治军更严整；一方怯懦，是因为对方更勇敢；一方弱小，是因为对方更强大。军队治理整齐有序或者是混乱不堪，完全出于其编制；士兵是勇猛或者胆怯，在于其将领为军队所营造的态势和声势；军力强大或者弱小，在于部队日常训练所造就的内在实力。

善于调动敌军的人，向敌军展示一种或真或假的军情，敌军必然据此判断而跟从；给予敌军一点实际利益作为诱饵，敌军必然趋利而来，从而听我调动。一方面用这些办法调动敌军；另一方面要严阵以待。

所以，善战者力求形成对自己有利的“势”，而不是一味地命令士兵，他们懂得根据士兵的才能去适应当下自己已经形成的“势”。善于创造有利“势”的将领，指挥将士们作战就如同转动木头和石头，因为木石的性情是平稳的，只要在平坦的地势上，就会稳如泰山，而把它们放置到陡峭的斜坡上，它们就会滚动，方形容易静止，圆形容易滚动。所以，善于指挥打仗的人所造就的“势”，就好比让巨石从山上滚下来一样凶猛，这就是所谓的“势”。

心理
支招

《兵势篇》是《孙子兵法》第五篇，主要内容讲的是主观、易变、带有偶然性的因素，如兵力的配置、士气的勇怯。这篇所讲的“势”似乎有多重含义：“战势不过奇正”中的将领的行军用兵之道（战斗形势）；“勇怯，势也”中的威势；“故善战者，求之于势”中的地理等外因形势；“至于漂石者，势也”中的声势能量；“其势险，其节短”中的战斗态势；这一篇不止在讨论正兵奇兵的战术，也在讨论战斗中势的各个方面；其实把这里的势当作军队实力来理解也未尝不可；兵者诡道，将兵者的战术战略技巧本身就是一种势。

失去什么也别失去勇气

勇怯，势也。

这句话的意思是，士兵勇敢或者胆怯，在于部队所营造的态势和声势。

这里，孙子道明了在营造的众多“势”中，勇气的重要性。同样，对于现实生活中的我们来说，也要认识到一点，人生在世，无论你失去什么，都不能失去勇气。

生活中，困难无处不在，而很多时候，打倒人们的不是这些困难，而是内心放大的恐惧。有这样一个小故事：有一只鸭子，在河面上不停地游来游去，想要找鱼吃。可是游了一整天，一条鱼也没找到。到了晚上，它看到月光倒映在水中，以为是鱼，就潜下去捕捉。这时，其他鸭子看到了，都大大地嘲笑了它一番。受此打击后，它即使真的看到鱼儿，也不敢再去捕捉了，结果很快就饿死了。

面对无法避免的压力和打击，如果我们不能用良好的心态面对，结果也就只能和那只鸭子一样，惧怕尝试，即使成功就在眼前，也不敢跨出一步，最终倒下。

这个简单的道理可能每个渴望成功的人都能懂，一些人总是抱怨命运不公，抱怨自己的处境糟糕，抱怨创业难等，但说到克服困难，似乎那些刚出世没多久的小毛孩反倒比大人勇敢。孩子们敢和鳄鱼拥抱，和巨蟒共舞。因为无惧，所以无畏。

当然，勇气并不是一蹴而就就能获得的，是需要你在当下的日常生活中逐渐培养的，可能你认为现在的自己确实勇气不足，那么，你可以尝试做一些你没有做过或者不擅长的事，这是一种对自我的挑战，因为如果胆小怕事，就不可能获得成功。风险中肯定有困难，但困难中蕴藏着巨大机会的种子。

如果你不能自己克服恐惧，阴影会一直跟着你，变成一种逃也逃不了的遗憾。不要因为恐惧失望而害怕尝试。一旦你正面面对恐惧，很多恐惧都会被击破。

我们也发现，古今中外，任何一个成功者，都具有这样的特质：他们积极主动，敢作敢为。同样，任何一个人，无论现在处于什么样的境况，你要想在未来社会竞争中脱颖而出，那么，你就需要勇气。我们先来看下面一个故事：

有一次，卡兰德在纽约的一个漂亮饭店里，看着善泳的朋友们在阳光下嬉戏，忽然有一 种不舒服的感觉涌上心头。卡兰德告诉他们，自己怕晒黑，所以不想下水。朋友们笑着怂恿 他：“不要因为怕水，你就永远不去游泳……”

阳光溅在他们水滑滑、光亮亮的肌肤上，他们像海豚一样欢乐地嬉戏着，而卡兰德其实 并不想躲在没有阳光的阴影里看着他们的快乐而已。他觉得自己是个懦夫。

一个月后，朋友邀卡兰德到一个温泉度假中心，他鼓足勇气下水了。卡兰德发现自己没想象中那么无能，但他不敢游到水深的地方。

“试试看”，朋友和蔼地对他说，“让自己灭顶，看会不会沉下去！”

于是，卡兰德试了一下。朋友说得没错，在我们意识清醒的状态下，想要沉下去、摸到池底还真的不可能。真是奇妙的体验！

“看，你根本淹不死。沉不下去，为什么要害怕呢？”

卡兰德上了一课，若有所悟。从那天起，他不再怕水，虽然目前不算是游泳健将，但游 个四五百米是不成问题的。

和卡兰德一样，其实，在困难面前，你也可以克服恐惧。要知道，现实中的恐怖，远不如想象中的那么恐怖可怕。当你遇到困难时，理所当然，你会考虑到事情的难度所在，如此，你便会产生恐惧，会将原本的困难放大。但实际上，假如你能减少思考困难的时间，并着手解决手上的困难，你会发现，事情远比你想象中简单得多。那些成功的人士，都是靠勇敢面对多数人所畏惧的事物，才能出人头地的。美国著名拳击教练达马托曾经说过：“英雄和懦夫同样会感到畏惧，只是英雄对畏惧的反应不同而已。”麦克阿瑟在西点军校的演讲中也曾说过这样一句话：“不正面面对恐惧，就得一生一世躲着它。”

在今天开放的全球化世界中，随机性和偶然性越来越大，往往变幻莫测，难以捉摸。在如此不确定的环境里，勇气就成了最宝贵的资源。人这一生最可悲的不是没有能力，而是没有勇气。当机遇一次次擦肩而过时，如果没有勇气去抓住，那么其他方面再怎么强也没有用。相反，有了充足的勇气，哪怕自己的条件比不上别人，成功的机会也比别人更多。

现实生活中，可能一些人已经习惯了安稳平淡的生活，似乎少了很多战胜困难的勇气。人生中有许多困难并不是什么坏事，因为逆境可以造就英雄。有了这些磨炼，美玉才会更加完美，刃器才会更加锋利。命运多舛并不是什么可怕的事，可怕的是，你无法去克服和跨越它们。

心理支招

孙子告诉了我们勇气这一偶然性因素在作战中的重要性，为此，我们要明白，很多时候，我们所谓的困难并没有那么可怕，之所以不敢勇敢跨出第一步，是因为你内心的恐惧在作怪。恐惧将困难放大，就会压倒你自己；而如果你勇敢一点，克服恐惧，你会发现，原来，所谓的恐惧只不过是只“纸老虎”。

储存实力，用实力说话

强弱，形也。

这句话的意思是，军力强大或者弱小，在于部队日常训练所造就的内在实力。

这里，孙子的意思是，在战争中，要形成优势，就要注重平时对军队的训练，有了实力，才有话语权。

同样，在我们的生活中，将任何有意义的事情做好，是成功的必备条件。因为你比别人多付出，你在实际工作中也比别人想得更周到。成就决非朝夕之功，凡事必须从小做起。我们需要记住的是：你不会一步登天，但你可以逐渐达到目标，一步又一步，一天又一天。别以为自己的步伐太小，无足轻重，重要的是每一步都踏得稳。所以，成功绝不是偶然的，成功者更是善于等待的，他们懂得在等待中积累实力，在等待中找寻机遇，所以最后他们能一举成功。

几乎每一个人都渴望成功的降临，但事实上很少有人能预期获得成功。有的人盲目行事，心中有了什么好的想法就马上开始实施，不忍耐，不等待，也不经过仔细思考，最终面临惨烈的失败。其实，要想获得成功就必须有周详的谋划，并深思熟虑，经过一番斟酌，经过一段时间的准备之后再行动，一旦决定了就雷厉风行，这样就很容易获得成功。

成功需要来自多方面的因素，除了自身的条件之外，最重要的就是善于等待，进行周密的策划，这样的“谋定”促成了人生这个大棋盘，只要摆好了棋子，步步为营，就会“运筹于帷幄之中，决胜于千里之外”。

的确，现实世界中，在我们追求做事、追求梦想与目标的过程中，确实存在很多影响我们心绪的因素，做不到有条不紊地工作，就容易被干扰。

20世纪80年代，美国有一家著名的机械制造公司叫维斯卡亚公司，这家公司生产的产品远销全世界，它实力雄厚，并代表着当今重型机械制造业的最高水平。大公司门槛高是有道理的，很多毕业生都到这家公司求职，但都被无情地拒绝，因为该公司的高技术人员爆满，不再需要各种高技术人才。但丰厚的待遇和令人羡慕的社会地位还是让很多人削尖了脑袋前来求职。

这群求职者里有个叫史蒂芬的人，他是哈佛大学机械制造业的高才生。和许多人的命运一样，在该公司每年一次的用人测试会上被拒绝。史蒂芬并没有死心，他发誓一定要进入维斯卡亚重型机械制造公司。于是，他决定先“混”进去这家公司再说。他先找到公司人事部负责人，提出可以无偿为这家公司提供劳动力，只要让他在这家公司，哪怕不计报酬，并能完成公司安排给他的任何工作。这位负责人起初觉得这简直不可思议，但考虑到不用任何花费，在利益的引诱下，这位负责人便答应了，并安排他去车间扫废铁屑。

这份工作是没有报酬的，史蒂芬还得养活自己。于是，一年的时间，他白天在这家公司勤勤恳恳工作，晚上还得去酒吧打工。

令史蒂芬失望的是，虽然他得到了所有同事和负责人的认同和好感，但公司却没有提及正式录用他的事。但机会很快来了。那是90年代初，公司的许多订单纷纷被退回，理由均是产品质量问题，为此公司蒙受了巨大的损失。公司董事会为了挽救颓势，紧急召开会议商议对策。当会议进行很长时间却未见眉目时，史蒂芬果断地闯入会议室，提出要见总经理。

在会上，史蒂芬慷慨陈词，对公司出现这一问题的原因作了令人信服的解释，并且就工程技术上的问题提出了自己的看法，随后拿出了自己对产品的改造设计图。这个设计非常先进，恰到好处地保留了原来机械的优点，同时克服了已出现的弊病。总经理及董事会的董事见到这个编外清洁工如此精明在行，便询问了他的背景以及现状，而后，史蒂芬被聘为公司负责生产技术问题的副总经理。

原来，史蒂芬这是退而求其次的一种办法，当他被拒绝后，他想方设法留在这家公司，是为了更彻底地了解这家公司。于是，他在做清扫工时，利用清扫工到处走动的便利条件，细心察看了整个公司各部门的生产情况，并一一作了详细记录，发现了所存在的技术性问题并想出了解决的办法。为此，他花了近一年的时间搞设计，获得了大量的统计数据，为会上的出色表现奠定基础。

史蒂芬为什么能一举成功，让公司高层领导对其能力加以肯定并由一名小小的清洁工成功晋升为技术问题副总经理，原因很简单，他懂得厚积薄发，伺机而动，因为他做了充分的准备工作，在该公司最需要自己的时候及时出现，以自己过硬的专业知识帮其解决了这项技术问题。我们设想一下，假如他空有为公司担当的勇气而没有一个完备的表现自己的计划，没有过硬的实力，那恐怕这种表现只会适得其反。

世事如棋，谋定而后动。当我们决定要开始做一件事情的时候，谁也猜想不到最后的结果。但是，如果我们能静下心来，从长计议，在等待中找寻事情的各个因素，并作出分析，进行周到细致的谋划，就一定能预测最后的结果。凡事都应该“三思而后行，谋定而后动”，方能成就大事。如果你仅仅看见了一片叶子，就想获得整片森林，在没有任何计划之前就开始盲目前行，那只会让自己面临失败的下场。

心理支招

无论做什么事，要想成功，我们都要懂得等待，都要等待最佳的时机，这是一种人生的大智慧，舍弃盲目的行为，选择蓄势待发而后动，你会发现成功有不一样的风采。

与其生气，不如争气

善战人之势，如转圆石于千仞之山者，势也。

这句话的意思是，善于指挥打仗的人所造就的“势”，就像让圆石从高山上滚下来一样，来势凶猛。这就是所谓的“势”。

这里，孙子阐述了什么是必胜的局势，善于指挥作战的人都懂得造“势”，让胜利势不可当。的确，战争中的胜利不是偶然，需要指挥者和士兵做足准备，这就是造“势”的过程，同样，人活于世，我们在追求人生目标的过程中，都希望获得认可，都希望与周围的人和谐相处，但事实上，我们不能做到让每个人都喜欢我们，甚至让我们感到无奈的是，无论我们怎么做，似乎总有一些人嘲笑、鄙视、伤害我们，此时，我们不必要与之争论，而应该在内心激励自己：与其生气不如争气，为了证明自己，为了赢回尊严，一定要努力。你要明白的是，尊严是你自己享用的精神产品，每个人的尊严都属于他自己，你自己认为自己有尊严，你就有尊严。所以，如果有人伤害你的感情、你的尊严，你要不为所动。你不死守你的尊严，就没有人能伤害你。

的确，他人侮辱、轻视我们，那并不意味着自己的价值毫无存在。别人看轻了自己，没有关系，只要我们自己看重就行了。一个人如果总是患得患失，太注重别人的态度，并将自己的得失建立在别人的言行上，那又怎么静下心来充实自我呢？

小李是个很勤奋的小伙子，在获得企业管理学硕士学位后，就开始在一家国际性的生物科技公司工作，因为学历背景好，他刚进公司，就被安排在了管理层的职位上，这当然会让很多资深的老员工不满意，尤其是那些和他年纪相当的小伙子们，因为他们还在基层摸打滚爬，为了服众，小李请求也从基层做起，这令上司很欣赏。

然而，小李并不聪明，甚至是笨拙的，在很多业务问题上，他总是做得很慢。小李的迟钝是明显的，为此，他的上司也开始为他着急："抓紧点，小李，动作快一些！"

然而，小李的速度似乎还是那么慢条斯理，永远都不着急。看到小李蜗牛般的速度，人们开始不满，并用各种语言嘲笑他："如果小李去当快递员的话，那么，我们永远别指望收到东西了。"

即使他们这样说，小李也没有生气，也没有说任何话，而是依旧按照自己的进度工作、学习。

就这样，小李来公司也已经半年了。此时，公司决定举行一场专业知识和业务能力考试，而第一名将会被选拔为公司的储备干部。

令大家奇怪的是，平时少言寡语、工作速度缓慢的小李却一举夺得了第一名，此时，他们才明白，做得多才是成功的硬道理。

故事中的小李是个争气的职场新人，他做事慢条斯理、不缓不慢，好像一只慢吞吞的蜗牛一样，他看似愚笨，甚至被对手嘲笑，但他专心做自己的事，最终，他用行动证明了自己才是最优秀的，这是一种值得每个渴望成功的人学习的精神。

的确，我们活在这个世界上，首要目标就是为了实现自己的价值，并不是为了获得所有人的认同甚至拥护。在我们身边，每个人的思维和行为方式都不一样，总会有一些人跟自己合不来，他们有可能会对我们的言行进行冷嘲热讽甚至侮辱，其实这都是极为正常的。因为在这个世界上，任何人都不可能赢得所有人的心，在我们的朋友圈子以外，总会有那么几个人，心生嫉妒，不怀好意地望着我们。不论我们怎么努力，我们都不可能让所有人都成为自己的朋友。

在这样的情况下，我们需要忍耐那些非朋友的冷嘲热讽，在忍耐中变得淡然，既然他丝毫不会理解你，至于他的冷嘲热讽对你而言，也是毫无意义的，就好像是盘旋在头顶上的嗡嗡叫的苍蝇一样。对此，我们根本没有必要花很多时间和精力去悲伤或是愤怒，赢得好人缘固然是一种幸运，但有时候我们内心仅满足“得一知己”。这样想来，对于其他人的冷嘲热讽，我们就没有必要生气，而是淡然笑之，在忍耐中修炼自己，淡定从容，努力实现自我的人生价值。

一个人如果总是患得患失，太注重别人的态度，并将自己的得失建立在别人的言行上，那自己怎么会开心呢？对于自己的所作所为，别人要是嘲讽，那就让他嘲讽好了，又何必在乎一个自己原本不在乎的人所说的话呢？如果对方没看清楚事实，那根本就是这个人的损失，与自己无关。我们应该学会忍耐，并在忍耐中看淡那些所谓的冷嘲热讽。

其实，退一万步讲，你遭到他人的恶语攻击也是有一定原因的，受人攻击的往往是那些任重道远的人。这种情况几乎在每个行业都一样，它正说明了你的价值所在。从这个角度考虑，我们更没有必要生气了。

总之，事实是击败任何不实言论的最好武器，受到别人的嘲讽，我们不需要与之争论，而应该淡然处之，然后努力奋斗，最终，那些嘲讽的言辞将会不攻自破。

任何一个取得成功的人，都是因为他付出了超乎常人的努力。一个人要想获得人生的幸福，那么每一天都应该勤奋工作。付出不亚于任何人的努力是一个长期的过程，只要坚持就一定能够获得不可思议的成就。

有纪有律，要有自己的行事原则

乱生于治，怯生于勇，弱生于强。治乱，数也。

这段话的意思是，双方交战，一方之乱，是因为对方治军更严整；一方怯懦，是因为对方更勇敢；一方弱小，是因为对方更强大。军队治理有序或者混乱，在于其组织编制。

这段话里，孙子强调了军队的制度、纪律对于士兵士气和战争结果的影响。所以，他认为，军队的将领应该严整治军、鼓舞士气，以此增加战斗胜利的砝码。同样，我们在现实生活中，也要做有纪律之人，要以高度的行事原则来约束自己的行为，从而提升自己的品质和能力。

诚然，我们经常听到这样一句话“做人做事需要讲求变通”，此话不假，但这里的变通并不是说要放弃原则。有些原则是人立身的根本，是绝对不容许修改的。没有原则的人是可怕的，倒不是他们让别人感到可怕，而是他们自己的前途可怕。他们什么都不去敬畏，什么事情都能做，不道德的，不遵守法纪的，都不惮于去做。这种人往往也找不到自己。一个人做人如果没有原则，还容易让别人乘虚而入，做出违背我们本意的事。很多时候，可能我们对原则没有明确的定义，但纪律对我们的行为却具有一定的指导意义。我们每个人，在各种社会潮流的冲击下，若想赢得信任、获取荣誉，就要始终坚持自己的原则，做个有纪律、刚正的人。

著名的乔治·巴顿将军除骁勇善战外，还以森严的军纪治军而声名远扬。一个战场指挥官假如不执行和维护纪律，那就是潜在杀人犯；指挥官的放肆言词是锻炼学员的手段之一，“没有粗俗劲就无法指挥军队”。为此，巴顿从日常作风抓起，以达到军容严整，作风过硬。

首先，巴顿从自己做起，他始终是衣冠整洁、合体，以他独有的军人风度，给人们一种雄壮威严、神气勇猛的形象。

其次，为了做到令行禁止，巴顿时常亲自出去抓一小撮违令者，以强制部下遵守纪律。“二战”期间，他发布了强制性的着装令：凡在战区，每个军人都必须戴钢盔、系领带、打绑腿，后勤人员亦不例外。对于违反此命令者规定了罚款数额：军官50美元，士兵30美元。巴顿半开玩笑地说：“当你要动一个人腰包的时候，他的反应最快。”

尽管如此，还是有些人不以为然，不断出现违纪现象。听到这一情况后，巴顿亲自带人四处巡视，把不执行命令的人强制集中起来，进行训斥，话语不免十分粗鲁：“各位听着：我决不会容忍任何一个不执行命令的兔崽子。现在给你们一个选择的机会，要么罚款25元，要么送交军事法庭，并记入档案：你们自己看着办吧！”这些士兵只好乖乖认罚。

巴顿能在11天内改变一支部队的“执行力”，依靠的就是对“纪律、责任、荣誉”的强调。一个士兵如果不服从于纪律，执行力就没有保障。“执行”不是嘴上说说就可以，而是在遵守纪律的前提下、在服从指挥的前提下去完成任务。

的确，作为军队，必须有铁一般的纪律，才有凝聚力和战斗力；每个人在遵守纪律，服从命令的前提下去完成任务，军队才可能战无不胜。生活中的人们，同样要重视纪律，重视和遵守纪律是一种有原则的表现。无论你处于什么样的团队中，都必须重视团队利益，责任至上，做个刚正不阿的人，才能赢得信任，赢得成功。比如，一个正规的公司肯定都会有完善的公司章程，这是维系一个公司正常运作的纽带。如果公司没有严格的纪律就会使公司处于松散状态，长此以往，公司会逐渐衰败下去。试想，公司的员工如果想来就来，想走就走，把公司当成旅馆，这样的公司还有前途吗？而且这对员工本身也无任何好处，他会把这种散漫带给客户，造成自身的信用危机。

“二战”时的盟军总参谋长马歇尔是一个“国际组织者”，他之所以胜任这个工作，很大程度上是因为他的刚正不阿。

马歇尔的小儿子艾伦在北非服役，马歇尔特地给当地长官打招呼，不要因为他的关系而给艾伦以任何照顾。妻子凯瑟琳抱怨说，这对他不公平。马歇尔说，这没有办法，他不能让人们怀疑参谋长为自己儿子谋取好处。

1944年5月29日，艾伦不幸在一个名叫韦莱特里的小村被一名德国狙击手击中身亡。在儿子的追悼会上，马歇尔只能握着儿媳妇的手老泪横流。长子克里夫顿也在北非服役，他原本就有脚病，因此想请假回国治病，并乘机调至意大利。

马歇尔闻讯后大怒，立即给驻阿尔及利亚的斯特耶将军去信说：“他在那里还不到一年。我不给张三李四办的事，也绝不给他办。成千上万的军官已在海外服役两年以上，其中有些人多次患病，要求回国，给国家造成很大压力，我决不能为我自己的亲人开后门。”

克里夫顿的事就这样被卡住了。

马歇尔是令人敬仰的。从马歇尔的一生可以看出，恪尽职守的精神一直是他不竭的动力源泉。

既然遵守纪律是坚持原则的一部分，并对个人乃至集体的发展有如此重要作用，那么，我们该如何做到遵守纪律呢？

1.时刻要保持清醒的头脑，经受住诱惑。

当今社会，无论哪个领域，诱惑都是存在的。诱惑能对那些意志不坚定的人产生作用，甚至毒害他们的思想。为此，你需要记住的是，天上不会掉馅饼。抱着这样的想法，你也就能保持清醒的头脑了。

2.自我约束，不为自己找任何可以违规的借口。

自我约束是一种值得特别关注的性格品质，它贯穿于模范地履行职责和个人行为的所有方面。当你具有强烈的纪律意识，在不允许妥协的地方绝不妥协，在不需要借口绝不找任何借口时，你会猛然发现，你已经成为一个有原则、刚正不阿的人了。

心理支招

现代社会的每个人，都要从《孙子兵法》中获得启示，我们要想生活在一个更和谐的社会，就要自觉地严格约束自己，时刻将纪律放于心中，以获得更完满的自由。相反，无视纪律，对抗规则的人，常常受到规则的惩罚，到处碰壁，甚至付出全部自由的代价。

量力而行，别逞匹夫之勇

孙子曰：凡治众如治寡，分数是也；斗众如斗寡，形名是也；三军之众，可使必受敌而无败者，奇正是也；兵之所加，如以碫投卵者，虚实是也。

这段话的意思是，治理大军团就像治理小部队一样有效，是依靠合理的组织、结构、编制；指挥大军团作战就像指挥小部队作战一样到位，是依靠明确、高效的信号指挥系统；整个部队与敌对抗而不会失败，是依靠正确运用“奇正”的变化；攻击敌军，如同用石头砸鸡蛋一样容易，关键在于以实击虚。

孙子认为，作战中，如果能达到用石头砸鸡蛋一样容易的态势，胜利就势在必得了。这里，我们也能看出一点，如果实力不佳，就要量力而行，绝对不能以卵击石。

“螳臂当车”的故事就证明了自不量力只会导致失败甚至是自取灭亡的道理。

春秋时，鲁国有个贤人名叫颜阖（hé），被卫国灵公请去当其太子蒯聩（kuǎi guì）的老师。颜阖听说蒯聩是个有凶德的人，到卫国后，就先去拜访卫国贤者蘧（qú）伯玉，请教如何教好蒯聩。蘧伯玉回答说：“您先来问情况是对的，有好处，但要想用您的才能教好太子是很难达到目的的。”并进一步说道："汝不知夫螳蜋（同螂）乎？怒其臂以当车辙，不知其不胜任也，是其才之美者也。戒之，慎之！"意思是：螳螂鼓起双臂来阻挡前进的车轮子，它不知道自己是力不胜任的，而是确实认为自己的这种举动是好的，是有益的。颜阖啊！您的心是好的，但您的作为像螳臂当车一样，您要戒备啊！慎重呀！

这个成语出自《庄子·人间世》。"螳臂当车"用来比喻不自量力。常言道"物极必反"，"水满则溢"。当我们在处理问题时，要留下一点回旋的余地，掌握"留下一点空白"这个处理问题的技巧。一根铁丝做成的弹簧是有弹性的，但是，如果我们不顾及弹簧弹性的最大承受力，过于用力拉拽它，那么最终的结果是弹簧的弹性会削弱消失。所以我们做事情要考虑自己的能力所及，尽量做到量力而行，量体裁衣，留有空白，留有余地。更不能做自己根本做不到的事情。

的确，现今社会是一个充满机遇和诱惑的时代，富贵险中求！比如，在投资市场，很多人正是充满激情，正是敢于冒险，从而最终把握了投资市场的机会，获得了巨大成功。其实，神话和现实往往只在一念之间，纵观那些辉煌成功案例的背后，我们可以发现他们都有一个共同的特质，那就是富于激情、敢于冒险，在与风险的搏击中获得了成功。有人说，没有冒险就没有成功者，这句话虽然说得有些绝对，但冒险在某种程度上意味着成功的开始。但这并不意味着，追求成功，只需要激情而不需要理智。一个真正成功的人，必当是二者兼备的。正如克劳塞维茨说："只有通过智力的这样一种活动，即认识到冒险的必要而决心去冒险，才能产生果断。"因此，在追求成功的过程中，我们需要懂得一点，对于那些逞强之事，与其冒险不如及早放下。而量力而行，就是要按照有多大能力解决多大问题，合理确定工作目标。集中学习实践活动的时间有限，不可能解决所有问题，因而我们的目标应该是有限和切合实际的。

小李是一名销售总监，最近，他一直向他的朋友吐苦水，说他们老板一直想学马云的破釜沉舟，不停给他下死命令："北京市场，下个月你就要给我拿下来，拿不下来就是无能！"

"不要给我摆困难讲道理，我就是要全力进攻，总之一个字，拼。"

结局当然是劳民伤财，公司上下费了一番功夫，但是收效了。

他苦笑：“人家马云给下属砸出那句话的同时，还铿锵有力地将数亿元的市场费用砸过去……钱落地的时候，咣当咣当的响声就震死了几个竞争对手。而我们老板给的那点经费，只够放几挂鞭炮给自己壮壮胆子……”

可能很多人和故事中的这位老板一样，都希望自己也成为一个成功人士，但在学习榜样前，请先看下面的小故事：

有一只乌鸦，经常看到鹰从悬崖上俯冲下来，叼走一只小羊羔。志存高远的乌开始学习老鹰的姿态：展翅、俯冲、急转、腾空……终于练得差不多了。

有一天，它看准一只小羊羔，呼啦啦地从山崖上俯冲下来，猛扑到它身上，狠命地想叼起来，但爪子却被羊毛缠住了。

牧羊人随手抓住它，大笑：“就你这鸟样儿，也想充老鹰。”

这个故事再次向我们证明了做事要量力而行的道理。果断的同时，还必须要理智地思考，凡事不能打无准备之仗。

总之，做什么事情都要根据自己的能力而定，不要做自己力不能及的事，这样只能让自己头破血流，或者误入歧途。所以，我们在做事情的时候，要时时刻刻掂量自己，时时刻刻要知道自己是谁？自己几斤几两？有几分力量？不要过高估计自己的德行和自己的力量，不可以过低估计对方的德行和力量，一定要量力而行，量体裁衣，既要知己，也要知彼，只有这样，方能有更大胜算。

心理支招

孙子告诉我们，智慧是永恒的制胜法宝。世间事，尽在人为，没有什么功业是侥幸成功的。假如你有智谋、心机和本领，不管从事什么职业或事业，俱可占天时据地利靠人气求生存谋发展，以尽可能少的付出和牺牲摘取成功和财富的桂冠。没有智谋、心机和本领，就不可能适应现代生活的挑战，更谈不上运筹帷幄，决胜千里。

第六篇　虚实篇：虚虚实实，迷惑对方

《虚实篇》是《孙子兵法》的第六篇，本篇中强调的是要善于运用迷惑对方的策略，在出其不意的情况下给对方致命一击。我们也应该从本篇中获得启示：的确，人与人之间无论是何种形式的较量，也无论是出于什么目的，都希望最终结果有利于自己。为了使自身利益不受损失，人们都会思虑再三，使出浑身解数，而这就更需要我们保护好自己。为了赢得主动，我们便可以采取这种虚虚实实、迷惑对方的策略，在出人意料的情况下一招制敌。

虚实篇——孙子出其不意的用兵策略

孙子曰：凡先处战地而待敌者佚，后处战地而趋战者劳，故善战者，致人而不致于人。能使敌人自至者，利之也；能使敌人不得至者，害之也，故敌佚能劳之，饱能饥之，安能动之。出其所不趋，趋其所不意。行千里而不劳者，行于无人之地也。

攻而必取者，攻其所不守也；守而必固者，守其所不攻也。故善攻者，敌不知其所守；善守者，敌不知其所攻。微乎微乎，至于无形。神乎神乎，至于无声，故能为敌之司命。进而不可御者，冲其虚也；退而不可追者。速而不可及也。故我欲战，敌虽高垒深沟，不得不与我战者，攻其所必救也；我不欲战，画地而守之，敌不得与我战者，乖其所之也。

故形人而我无形，则我专而敌分。我专为一，敌分为十，是以十攻其一也，则我众而敌寡；能以众击寡者，则吾之所与战者，约矣。吾所与战之地不可知，不可知，则敌所备者多；敌所备者多，则吾所与战者，寡矣。

故备前则后寡，备后则前寡，备左则右寡，备右则左寡，无所不备，则无所不寡。寡者，备人者也；众者，使人备已者也。

故知战之地，知战之日，则可千里而会战。不知战地，不知战日，则左不能救右，右不能救左，前不能救后，后不能救前，而况远者数十里，近者数里乎？

以吾度之，越人之兵虽多，亦奚益于胜败哉？故曰：胜可为也。敌虽众，可使无斗。故策之而知得失之计，作之而知动静之理，形之而知死生之地，角之而知有余不足之处。故形兵之极，至于无形。无形，则深间不能窥，智者不能谋。因形而错胜于众，众不能知；人皆知我所以胜之形，而莫知吾所以制胜之形。故其战胜不复，而应形于无穷。

夫兵形象水，水之形，避高而趋下，兵之形，避实而击虚。水因地而制流，兵因敌而制胜。故兵无常势，水无常形，能因敌变化而取胜者，谓之神。

故五行无常胜，四时无常位，日有短长，月有死生。

这段话的意思是：

孙子说：凡是能先到作战阵地的人就主动、从容，而后到的人就被动、紧张，所以善于指挥作战的人，能驾驭敌人而不被敌人控制。

能让敌人主动上钩的，是通过小利来引诱他们的结果；导致敌人没有到达预期设想的地点的，是因为被阻碍了。所以，敌人如果状态修整得好，就要想办法让其疲软；敌人的给养充分，就要使敌人感到饥饿；敌军驻扎安稳，就要想方设法让其能够移动。

出兵，要对准敌人薄弱环节且无法支援的地方，行动要出乎敌人意料。行军千里而不感到疲惫，是因为军队行进在敌人没有设防的地区。进攻胜利的，是因为攻打了敌人没有设防或者不易守住的地方；防守必然巩固的，是因为扼守敌人无法攻破或不敢攻的地方。

所以，善于进攻的，能使敌人不知怎样防守；善于防御的，敌人不知道怎样进攻。

微妙呀！微妙到看不出一点蛛丝马迹；神奇呀！神奇到听不出一点声息。这样，就能主宰敌人的命运。

在前进时，如果敌人无法抵御，是因为攻击了敌人空虚的地方；退却时，敌人无法追及的，是因为行动迅速而敌人没有办法赶上。所以，如果我想要战斗，即使敌人坚守深沟高垒，也不得不出来与我交战，是由于进攻敌人所必救的地方；我若不想交战，即使画地而守，敌人也无法和我交战，是因为我找到了改变敌人进攻方向的妙计。

所以，用示形的办法来欺骗敌人，诱导其暴露自己的企图，并且不暴露自己，这样能让敌人摸不清情况，就能让自己集中兵力而让敌军兵力分散；我军兵力集中于一处，敌人兵力分散于十处，我就能以十倍于敌的兵力打击敌人，造成我众而敌寡的有利态势；能做到以众击寡，那么与我军直接交战的敌人就少了。我们所要进攻的地方使敌人不知道。不知道，它就要处处防备。敌人防备的地方越多，兵力就越分散，这样，我所直接攻击的敌人就不多了。

所以，注意防备前面，后面的兵力就薄弱；注意防备后面，前面的兵力就薄弱；注意防备左翼，右翼的兵力就薄弱；注意防备右翼，左翼的兵力就薄弱；处处防备，就处处兵力薄弱。敌人兵力之所以少，是由于处处防备的结果；我方兵力之所以多，是由于迫使敌人分兵防我的结果。

能预料同敌交战的地点，能预料同敌人交战的时间，就是跋涉千里也可同敌人交战，如果既不能预料交战的地点，又不能预料交战的日期，就会左不能救右，右不能救左，前不能救后，后不能救前，何况远到几十里，近的也有好几里呢！

依我分析，越国的兵虽多，对于决定战争的胜败又有什么补益呢？

所以说，胜利是可以争取到的。敌军虽多，也可以使其无法用全部力量与我交战。

所以要认真分析判断，以求明了敌人作战计划的优劣长短；挑动敌人，以求了解其行动的规律；示形诱敌，以求摸清其所处地形的有利与不利；进行战斗侦察，以求探明敌人兵力部署的虚实强弱。

所以，示形诱敌的方法运用到极妙的程度，能使人们看不出一点形迹，看不出一点形迹，即使有深藏的间谍，也无法探明我方的虚实，即使很高明的敌人，也想不出对付我的办法来。

根据敌情而取胜，把胜利摆在众人面前，众人还是看不出来。人们只知道我是根据敌情变化取胜的，但是不知道我是怎样根据敌情变化取胜的。所以每次战胜，都不是重复老一套的方法，而是适应不同的情况，变化无穷。

用兵的规律就好比流水，流水的规律是从高到低，用兵的规律是避开敌人坚固的地方而攻打其虚弱的地方。水如何流淌取决于其地势，而作战则是根据敌我之军情而制定具体的作战方针，所以，作战没有固定不变的方式方法，就像水流没有固定的形态一样。能依据敌情变化而取胜的，就称得上用兵如神了。

用兵的规律就像自然现象一样，“五行”相生相克，四季依次交替，白天有短有长，月亮有缺有圆，永远处于变化之中。

心理支招

《虚实篇》是《孙子兵法》的第六篇，本篇主要讲的是，如何通过分散集结、包围迂回，造成预定会战地点上的我强敌劣，以多胜少。

虚实交用，适时奇变

孙子曰：“故形兵之极，至于无形。无形，则深间不能窥，智者不能谋。”

这句话的意思是，所以示形诱敌的方法运用到极妙的程度，能使人们看不出一点形迹，看不出一点形迹，即使有深藏的间谍，也无法探明我方的虚实，即使很高明的敌人，也想不出对付我的办法来。

这里，孙子道出了其在《虚实篇》论述的精髓：行军打仗就要虚实交用，不被敌人看透，迷惑敌人，这样才能保护自己，让敌人找不到对付的方法。

其实，现实生活中，我们与对手较量，何尝不是如此呢？我们深知，与对手较量，尤其是利益敌对的两方，谁先暴露自己，谁就最先偃旗息鼓而败退，要想克敌制胜，就必须让对方摸不清虚实，但很多时候，对方会采取一些扰乱你情绪的方法，比如激怒你，对此，你必须控制自己的情绪，泰山崩于前而面不改色，在无法了解你的真实意向的情况下，他们往往不会轻举妄动，此时，他们就被你“算计”了。

我们也发现，在生活中，总有那么一些人，他们一天情绪几乎没有任何波动，无论别人说什么，做什么，好像都与他们没什么特别大的关系，即使遇到一些令人愤慨的事，他们也是睁一眼闭一只眼，而这样的人看似平庸，实际上一点也不平庸，他们对于什么都心知肚明，只是不表现出来，我们永远看不到他的内心。这种人，实际上是懂得运用真假虚实交用的心理策略，而这是保护自己和隐藏实力、克敌制胜的关键。

曾国藩可以说是中国近现代史上最能忍辱负重的人了，无论是创办湘军，还是在与清廷较量的过程中，他都能做到虚实交用。而历史上，这样能委曲求全的人，着实不少懂得克制自己，为了大局考虑，这才是真正的智慧，逞一时之快，发泄了自己的不满与愤怒，但却中了对手的圈套，过早地将自己的底牌亮出来，往往会在以后的交战中失败。

在卡耐基的《人性的弱点》一书中，有这样一篇文章：

某个政党有位刚崭露头角的候选人，被人引荐到一位资深的政界要人那里，希望这位政界要人能告诉他一些政治上如何获得成功的经验，以及如何获得选票。但这位政界要人提出了一个条件，他说："你每次打断我的说话，就得付5美元。"

候选人说："好的，没问题。"

"那什么时候开始？"政客问道。

"现在，马上就可以开始。"

"很好。第一条是，对你听到的对自己的诋毁或者侮蔑，一定不要感到愤怒。随时都要注意这一点。"

"噢，我能做到。不管人们说我什么，我都不会生气。我对别人的话毫不在乎。"

"很好，这是我经验的第一条。但是，坦白地说，我是不愿意你这样一个不道德的流氓当选的。"

"先生，你怎么能？"

"请付5美元。"

"哦！啊！这只是一个教训，对不对？"

"哦，是的，这是一个教训。但是实际上也是我的看法"，资深政客轻蔑地说。

"你怎么能这么说？"新人似乎要发怒了。

“请付5美元。”

“哦！啊！”他气急败坏地说，“这又是一个教训。你的10美元也赚得太容易了。”

“没错，10美元。你是否先付清钱，然后我们再继续谈？因为，谁都知道，你有不讲信用和喜欢赖账的美名。”

“你这个可恶的家伙！”年轻人发怒了。

“请付5美元。”

“啊！又一个教训。噢，我最好试着控制自己的脾气。”

“好，收回前面的话。当然，我的意思并不是这样，我认为你是一个值得尊重的人物，因为考虑到你低贱的家庭出身，又有那样一个声名狼藉的父亲。”

“你才是一个恶棍！”

“请付5美元。”这是这个年轻人学会自我克制的第一课，他为此付出了高昂的学费。

然后那个政界要人说：“现在就不是5美元的问题了。你要记住，你每发一次火或者每对自己所受到的侮辱而生气时，至少会因此而失去一张选票。对你来说，选票可比银行的钞票值钱得多。”

从这个故事中，我们应该有所感悟，控制自己的情绪，才会让自己赢得人生的“选票”。戴尔·卡耐基说：“学会控制情绪是我们成功和快乐的要诀。”世界上没有任何东西比我们的情绪更能影响我们的生活了。如果你不管遇到什么事，都能藏好自己的情绪，然后冷静地处理，会为你减少很多不必要的麻烦。

古今中外，一些过分张扬、锋芒毕露之人，不管功劳多大，官位多高，最终多数不得善终，这是尽人皆知的历史教训。

因此，生活中的人们，应该对社会上那些“与世无争”的人有个比较透彻的了解，他们并不是不谙世事，只是懂得控制自己的情绪，懂得保护自己。为此，你要做到：

1.要驾驭愤怒情绪。

其实，喜怒哀乐是人之常情，愤怒是一种激烈的情绪的表现，他可以有一些好处，人是可以愤怒一下的，但要注意场合，在涉及利益的社交场合中，愤怒只会泄露你的内心情况。为此，你必须理性地控制，锻炼自己的自控能力，多考虑愤怒的后果。

2.要克服紧张情绪。

在与人交往或者竞争的时候，压力、矛盾、冲突、风险、危机，这些都很容易使得你紧张不适，为此，你必须要懂得排遣，不要让对手看出你的这一情绪，可以采用自我暗示和自我激励的方式，告诉自己，你能成功地说服对方，达到自己的目标。

3.学会冷处理，避免急躁情绪。

对于一些人尤其是年轻人来说，沉不住气是他们的通病。为此，你有必要养成思考的习惯，凡事多想想，就知道当做不当做。

总之，我们要以大局为重，做事不要急躁、冲动。要克制自己的情绪，保留自己的实力，让对方探不清你的虚实，待时而发，在关键时刻一举取得胜利！

心理支招

孙子告诉我们，与人交往，尤其是利益敌对的两方，谁先交底，谁就失败了，要想赢得胜利，就必须让对方摸不清虚实，要做到这一点，我们就要懂得隐藏好自己，只有这样，才能在合适的时候一招制敌。

声东击西，转移视线

孙子曰：“故善攻者，敌不知其所守；善守者，敌不知其所攻。微乎微乎，至于无形。神乎神乎，至于无声，故能为敌之司命。”

孙子这段话的意思是，所以，善于进攻的，能使敌人不知怎样防守；善于防御的，敌人不知道怎样进攻。微妙呀！微妙到看不出一点形迹；神奇呀！神奇到听不出一点声息。这样，就能主宰敌人的命运。

这里，孙子阐述了高明的进攻和防御方法能让敌人毫无察觉，无法抵挡。为此，在《三十六计》中，有一计叫“声东击西”，是孙子这一谋略的最佳运用。

该计表面上声言攻打东面，其实是攻打西面。军事上使敌人产生错觉的一种战术。语出《通典·兵六》：“声言击东，其实击西。”三十六计中的声东击西在现实生活中被提及的频率非常高，它以假动作欺敌，掩护主力在第一时间击其要害。声言出东，其实击西。声东击西之计，虽然早已被历代军事家熟知，但在使用时也要充分估计敌方情况。方法虽是一个，但可变化无穷。宋代张纲《乞修战船札子》：“况虏情难测，左实右伪，声东击西。”毛泽东《抗日游击战争的战略问题》第四章：“经常要采取巧妙的方法，去欺骗、引诱和迷惑敌人，例如声东击西，忽南忽北，即打即离，夜间行动等。”

东汉时期，班超出使西域，目的是团结西域诸国共同对抗匈奴。为了使西域诸国便于共同对抗匈奴，必须先打通南北通道。地处大漠西缘的莎车国，煽动周边小国，归附匈奴，反对汉朝。班超决定首先平定莎车。莎车国王北向龟兹求援，龟兹王亲率五万人马，援救莎车。班超联合于阗等国，兵力只有二万五千人，敌众我寡，难以力克，必须智取。

班超遂定下声东击西之计，迷惑敌人。他派人在军中散布对班超的不满言论，制造打不赢龟兹，有撤退的迹象，并且特别让莎车俘虏听得一清二楚。这天黄昏，班超命于阗大军向东撤退。自己率部向西撤退，表面上显得慌乱，故意放俘虏趁机脱逃。俘虏逃回莎车营中，急忙报告汉军慌忙撤退的消息。龟兹王大喜，误认班超惧怕自己而慌忙逃窜，想趁此机会，追杀班超。他立刻下令兵分两路，追击逃敌。他亲自率一万精兵向西追杀班超。班超胸有成竹，趁夜幕笼罩大漠，撤退仅十里地，部队即就地隐蔽。龟兹王求胜心切，率领追兵从班超隐蔽处飞驰而过，班超立即集合部队，与事先约定的东路于阗人马，迅速回师杀向莎车。班超的部队如从天而降，莎车猝不及防，迅速瓦解。莎车王惊魂未定，逃走不及，只得请降。龟兹王气势汹汹，追走一夜，未见班超部队踪影，又听得莎车已被平定、人马伤亡惨重的报告，大势已去，只好收拾残部，悻悻然返回龟兹。

这里，班超使用的就是声东击西的作战方法，让莎车国放松警惕，然后再杀回莎车。这一作战尤其适用敌强我弱的情况，这是一种迂回的策略，如果正面迎战，很可能就撞在对手的枪口上，损失惨重。

台湾被荷兰殖民者统治数十年，民族英雄郑成功立志收复台湾。1661年4月，郑成功率二万五千将士顺利登上澎湖岛。要占领台湾岛，赶走殖民军，必须先攻下赤嵌城(今台南安平)。

郑成功亲自寻访熟悉地势的当地老人，了解到攻打赤嵌城只有两条航道可进：一条是攻南航道，这条道港阔水深，船只可以畅通无阻，又较易登陆。荷兰殖民军在此设有重兵，工事坚固，炮台密集，对准海面，另一条是攻北航通，直通鹿耳门。但是这条航道海水很浅，礁石密布，航通狭窄。殖民军还故意凿沉一些船只，阻塞航道。他们认为这里无法登陆，所以只派少量兵力防守。

郑成功又进一步了解到，这条航道虽浅，但海水涨潮时，仍可以通大船。于是决定趁涨潮时先攻下鹿耳门，然后绕道从背后攻打赤嵌城。郑成功计划已定；首先派出部分战舰，浩浩荡荡，装作从南航道进攻。荷兰殖民军急忙调集大批军队防守航道。为了迷惑敌人，郑成功的部队声威浩大，喊声震天，炮火不断。这一下，郑成功非常成功地把殖民军的注意力全部吸引到了南航道。北航道上一片沉寂，殖民军以为平安无事。南航道激战正酣，在一个月明星稀之夜，郑成功率领主力战舰，人不知，鬼不觉，乘海水涨潮时机迅速登上鹿耳门，守军从梦中惊醒，发现已被包围。郑成功乘胜进兵，从背后攻下赤嵌城。荷兰殖民军狼狈逃窜，台湾又回到祖国怀抱。

当然，除了作战外，在现代社会的很多场合，我们也可以运用这一策略，我们再来看下面一例：

1983 年，我国某法学家在联邦德国举办的国际刑法研讨会上，应邀作了关于当前中国 刑法发展的报告。结束后，有人提出：“人民在行为当时，怎样能够预见自己的行为是犯罪的呢？假如一个人在马路上踢足球，在踢的时候并不犯罪，但后来踢碎了附近的门窗玻璃，因而可能事后判了罪，对这一点行为人怎能预先知道呢？”报告人面对这个难题半开玩笑地说：“世界各国人民都爱踢足球，我们也在提倡，所以你可以放心，不至于因踢足球而被判刑。”

很明显，报告人是答非所问的，然而全场立即响起了一阵爽朗的笑声。可见答非所问在特定的场合中也是一种非常必要的答话技巧。

心理支招

现代社会，很多情况下，我们需要与人交涉，比如谈判、竞争，这虽然不是战争，不是你死我活，你输我赢，但是也决不是找朋友，推心置腹。运用声东击西的对策、迂回式说话也是自我保护、扰乱对方方寸的策略，更是智者惯用的技巧！

争取早到，占尽先机

凡先处战地而待敌者佚，后处战地而趋战者劳。

这句话的意思是，孙子说：凡先到战地而等待敌人的就从容、主动，后到战地而仓猝应战的就疲劳、被动。

这里，孙子阐述了一种战争中抢占先机的方法——先人一步到达占地，而我们从心理学的角度看，先到达交战场所，能熟悉地形，更能给士兵以信心，有一种在整个交涉过程处于主人翁地位也就是优势地位的感觉，而与此同时，对方也就能听之任之、处于被动地位。这就是一种心理上的占尽先机。

孙子的这一战略方法我们也可以运用到人际交往中。这就是为什么生活中我们发现，很多人求人办事，会提前到达约会场所，或者把对方邀请到自己的家中。这也是一种心理优势的显现，当然，对方就给了一种心理让位，自然，要办之事就能水到渠成了。

的确，社会交往不仅是一项重要的社会实践活动，还是从事其他社会实践活动的基础和前提。在当代社会，能否通过社会交往与他人建立和谐的人际关系，已成为判断一个人是否健康的重要标准。是否会交往，很多时候更体现在能否利用心理策略。

诗人约翰·唐曾说：“没有别人，你即是一座孤岛。”人生在世，必然要参与社会交往，社交关系的好与坏，与人们的心理有很大关系。在社交过程中，能掌握大局的人，必定是在心理上占尽先机的人，能利用心理战术构造一个良好的人际关系网。而心理战术告诉我们，在与人交涉的时候，要争取比对方提前到约定的场所，这就在心理上抢占了优势，有利于掌控整个交涉局势。很多时候，交涉对方不一定为我们的实力所威慑，而是一种心理上的畏惧和劣势，因为当我们提前到达约定场所，当对方看见一个镇定自若的对手时，作为开场白的心理战就已经输了，自然，我们就占了先机，余下的交涉工作就在掌控之中。“瓮中捉鳖”的故事由来就说明了这个道理。

北宋末年，梁山泊好汉在山东起义，拥戴宋江为起义首领。起义军纪律严明，杀富济贫，镇压土豪劣绅，屡屡挫败朝廷讨伐的军队，声威振天下，老百姓拍手叫好。

在梁山泊大寨不远的山下，有个杏花庄。庄上有个小酒店，酒店的老汉家中别无他人，只有一个18岁的女儿，名叫满堂娇。满堂娇长得美貌动人，与老汉相依为命。父女俩虽不富裕，日子倒也过得平静。

有一天，两个地痞流氓来酒店吃酒。酒足饭饱后，不但不付酒钱，还对年轻美貌的姑娘起了歹念，强行将她抢走。老汉刚要阻拦，就被一脚踢翻在地。两个流氓说：“俺们是梁山好汉宋江和鲁智深，你敢不从？这小娘子陪我们两天就回来，你如声张出去，小心老命！”说罢扬长而去。

正当老汉悲愤欲绝的时候，梁山好汉李逵路过酒店。听说宋江和鲁智深干下这等伤天害理的事，生性耿直的他怒火中烧，决心上山找宋江和鲁智深算账。

李逵急冲冲赶回山寨，大闹忠义堂。当他知道错怪了宋江后，羞愧万分，命人将自己捆绑起来，向宋江赔罪。

这时，老汉来报告，说那两个恶汉又来了，被他灌醉后正在店里酣睡。李逵兴奋地说："来得正好，看老子瓮中捉鳖，收拾这两个坏蛋！"李逵手提板斧，火速下山，终于除掉了这两个冒充梁山好汉、败坏梁山名声的流氓。

"瓮中捉鳖"是指在大坛子里捉甲鱼。比喻想要得到的东西已在掌握之中。李逵瓮中捉鳖，从另一种意义上来说，是一种心理上的优势，虽然和对方的交涉是在未知的情况下，但提前来到的李逵已经大有掌握整个交涉的局势。

拥有心理学知识已经成为一个现代成功交际人士不可获缺的前提条件。现实生活中，有些人在社交中总交不上朋友，总是处理不好自己与同事、上司等各种人际关系，甚至在与人交涉的过程中总是以失败告终，究其原因，是不懂得心理学、不懂得运用心理学揣摩别人的心理，不懂得如何抢占心理先机，不懂得在心理上掌握交际大局……

心理支招

处处占先机是人生和事业成功的永恒法则，社交活动中心理先机也是掌握交际局势的必要，当今社会瞬息万变，抢占心理上的先机可能关系到你在生活或者事业上的成功与否，选择自己熟悉的社交场所，抓住社交"瓶颈"，你就能运筹帷幄，掌控主动权！

假意出错，获取真心

孙子曰：故形人而我无形，则我专而敌分。

这句话意思是：所以，用示形的办法欺骗敌人，诱使其暴露企图，而自己不露形迹，使敌人捉摸不定，就能够做到自己兵力集中而使敌人兵力分散。

这里，孙子认为，作战中，不但要做到自我保护、隐藏自己，还要想方设法使对方暴露自己，这样，在让我做到集中兵力的同时，还能分化瓦解对方的兵力，以此提升胜利的概率。

中国自古以来就是一个以关系为本位的社会，而任何人际关系都建立在对交际对方的了解之上。知己知彼百战百胜，然而，现实生活中，人们在交往的过程中，出于各种目的，人们并不会对彼此敞开心扉，有些人甚至会编造出各种各样的谎言。为此，我们必须掌握一些心理策略，才能识破伪装，把握人心，其中重要的一点策略就是假意出错法。我们先来看看下面的故事：

世界伟大的无产阶级革命家马克思和他的太太燕妮原本并不是情人的关系，他们关系很好，是朋友，但在当时的时代背景下，这并不意味着他们是相爱的关系，尽管他们都了解彼此的心思，但谁也没捅破这层窗户纸。后来，马克思终于鼓起勇气，用一种别具一格的方式俘虏了燕妮的心。

这天，马克思还是和以前一样，把燕妮约了出来。一路上，他都表现得闷闷不乐，这让燕妮觉得很奇怪。于是，燕妮就主动问他："你怎么了？有什么心事吗？我们是好朋友，能不能跟我说说？"

马克思说："说实话，我真的有心事，最近，我交了一个女朋友，我非常爱她，我希望我们能白头偕老，因此，我想向她求婚，但我怕被拒绝……"

"你有女朋友了？"马克思看到，燕妮脸上写满了惊讶。

"是的，认识很久了。"

"这是真的吗？"

"当然是真的。我这里还有一张照片呢，要不你给我把把关？"马克思说着，拿出一只精致的小木盒子。

燕妮点了点头，但她的心里却很痛苦，她慢慢地接过马克思递给她的小匣子，双手颤抖着打开了。

令燕妮奇怪的是，匣子里是一面镜子。当她打开镜子后，一下子就愣住了。一会儿过后，她如梦初醒，惊喜万分。

原来，马克思卖了半天关子，是要跟自己求婚啊！她的整个身心都沉浸在幸福的热浪中，一下子扑到了马克思的怀里。

马克思与燕妮的爱情故事早已被人们传颂。这里，马克思是怎么探出燕妮的真实心意的呢？因为他故意制造出一个根本不存在的第三者，让燕妮认识到马克思心仪的对象就是自己，从而缔结了一段美好的姻缘。

这个技巧是在对话时故意搞错事实，让对方来订正，借此套出对方的信息或真正的心意。现实生活中，人们常常利用这一冷读术来探明他人心意。例如，销售员经常来探寻客户的信息：

销售员："说到这里，我想您应该比较喜欢粉色系的产品吧？"

对方："不是，我还是喜欢比较暗一点的颜色，可能跟我的皮肤更搭配一点。"

透过这一反面提问，就无须提出"你喜欢什么颜色"这类直接问题了，让对方急于订正错误的心理，毫无戒心地主动透露出喜欢暗颜色这一真实信息。

再者，日常生活中，夫妻双方也常用这种方法来"严刑拷问"对方的行踪。

妻："你昨晚又和老王一起下棋去了？"

夫："是啊，老习惯了嘛。"

妻："哎呀，我忘了，我昨晚就在老王家呢，那你怎么不在啊？"

这里，很明显，妻子故意编造了一个谎话，来引出丈夫的谎言，这样，作为丈夫，就不得不招认自己昨晚的去向了。

当然，在运用这一冷读术探知他人真心的时候，还需要注意以下几点：

1.对对方的心意有大致了解，别歪"打"正着。

这一冷读术的精髓在于，我们故意出错，让对方以纠正的口吻来回答问题，而假若我们不清楚事情的原委，原本是想试探的，却直接道出了对方的真实想法，那么，对方必然会否认或让交谈双方都难堪。举个很简单的例子：

"所有的女孩子都喜欢玫瑰，你肯定是个例外。"

若对方真的喜欢玫瑰，那么，你的问话只会让对方尴尬。

2.藏好自己，别让对方看出破绽。

这是一种冷读技巧，最关键部分就是要在不经意间让对方流露出自己的真实想法，而假若让对方看出我们是在故意犯错，那么，只会惹恼他，事情的难度自然会加大，一不小心还会弄僵人际关系、前功尽弃。因为没有人喜欢被人欺骗和耍，恋爱中，一些男孩或者女孩就是因为使用这些小伎俩不成，反而让对方离自己而去。

心理支招

我们可以发现，有时候，即使他人的内心是封闭的、真心是藏起来的，我们依然可以探寻，只要我们主动采取一些攻心技巧，正面询问，对方可能会否认甚至排斥，那么，我们不妨从反面入手、从错误的层面入手。此时，对方的内在的纠错意识必定会被激发出来，从而帮助我们得出正确的答案，我们的目的也就达到了。

以退为进，诱敌深入

能使敌人自至者，利之也；能使敌人不得至者，害之也，故敌逸能劳之，饱能饥之，安能动之。出其所不趋，趋其所不意。行千里而不劳者，行于无人之地也。

这段话的意思是，能使敌人自己来上钩的，是以小利引诱的结果；能使敌人不能到达其预定地域的，是以各种方法阻碍的结果。所以，敌人休整得好，能设法使它疲劳；敌人给养充分，能设法使它饥饿；敌军驻扎安稳，能够使它移动。

这里，孙子提出了著名的战斗方法——诱敌深入，在《孙子兵法》第五篇——《兵势篇》中，还有关于这一点的论述："善动敌者，形之，敌必从之；予之，敌必取之。以利动之，以卒待之。"意思是："善于调动敌军的人，向敌军展示一种或真或假的军情，敌军必然据此判断而跟从；给予敌军一点实际利益作为诱饵，敌军必然趋利而来，从而听我调动。"将这一用兵策略运用到极致的当属春秋时晋文公重耳了，这就是"退避三舍"的故事：

春秋时候，晋献公因为听信谗言，杀了太子申生，又派人捉拿申生的异母兄长重耳。重耳事先知晓此消息，就逃出晋国，在外流亡十几年。后来，经过一番跋山涉水，他来到了楚国，楚成王是个有远见卓识的君王，他认为重耳日后必定大有作为，在闻讯重耳来到楚国后，便以国君之礼相迎，待他如上宾。

一天，楚王设宴招待重耳，两人饮酒叙话，气氛十分融洽。

忽然楚王问重耳："你若有一天回晋国当上国君，该怎么报答我呢？"

重耳略一思索说："美女侍从、珍宝丝绸，大王您有的是，珍禽羽毛，象牙兽皮，更是楚地的盛产，晋国哪有什么珍奇物品献给大王呢？"

楚王说："公子过谦了，话虽然这么说，可总该对我有所表示吧？"

重耳笑笑回答道："要是托您的福，果真能回国当政的话，我愿与贵国友好。假如有一天，晋楚国之间发生战争，我一定命令军队先退避三舍（一舍等于三十里），如果还不能得到您的原谅，我再与您交战。"

四年后，重耳真的回到晋国当了国君，就是历史上有名的晋文公。晋国在他的治理下日益强大。

公元前632年，楚国和晋国的军队在作战时相遇。晋文公为了兑现他许下的诺言，下令军队后退九十里，驻扎在城濮。楚军见晋军后退，以为对方害怕了，马上追击。晋军利用楚军骄傲轻敌的弱点，集中兵力，大破楚军，取得了城濮之战的胜利。

这就是"退避三舍"的故事，以退为进，先让对方三分，能让对方放松警惕，此时，便能一举攻破对方的弱点之处，获得最后的成功。同样，当今社会，处处存在激烈的竞争，与对手较量，难免会产生利益的冲突，此时，那些以大局为重、聪明的人都绝不会逞一时之勇，与对手斗气，而是先隐忍过去，以退为进，先让对手三分，隐藏实力，并伺机而动，厚积薄发。的确，尤其是当自己还羽翼未丰时，更要懂得这一韬光养晦术，这是保存实力、积蓄力量的重要手段。懂得减速和停止，是人生的一种境界，一味地追求高速度和高效益，并不能达到预期的目标，反而会适得其反，用了多大的冲劲，就能招致多大的损伤。这是必然的，或许就是因为有了喘息的机会，才有足够的体力实现下一步的飞跃。

有一次，在决策会上，松下对一位部门经理说："我个人要作很多决定，并要批准他人的很多决定， 实际上只有40 % 的决策是我真正认同的，余下的60 % 是我有所保留的，或我觉得过得去的。"这个经理觉得很惊讶， 他说道："如果您不同意的事， 大可一口否决就行了， 完全没有必要征求旁人的意见。"松下接着说："我虽然是公司的最高领导，但我不可以对任何事都说'不'，因为任何人都不喜欢被否定。即使我认为是勉强的计划，也不会立即否决， 我会在实行过程中指导它们，使它们重新回到我所预期的轨道上来。公司是一个大的团队， 并不仅仅是我一个人的公司，需要大家的群策群力，妥协有时候能使公司更强大、人际关系更融洽。"这一番话使得这位经理更加佩服松下。

可以说，松下就是个善于笼络人心的人，即使成功后，他依然尊重员工的发言权，这就是一种会妥协的交际策略。正如他说的，没有人喜欢自己被否定，都希望得到他人的认同，他利用的就是人的这种心理。

以退为进，是平心静气后的理智思考，有利于自己找到目标。打个比方说，人走在沙漠中，会心烦意乱，不知往哪个方向走，这就是为什么有些人会死在沙漠中。倘若能冷静下来，借助星辰找准方向，朝着一个方向走，结果会大不一样。

不过，我们也不可能事事退让，妥协要看具体情况。要看你的大目标所在。也就是说，为了达到大目标，可以在次要的目标上作适当的让步。这种妥协并不是完全放弃原则，而是以退为进，以屈求伸。我们要有长远的眼光，以大目标为我们交际的根本动力，适当的时候妥协，才会离我们的大目标更近一步！

心理支招

《孙子兵法》告诉我们，以退为进不仅是一种高超的战争策略，更是人生的大智慧。其实，当今社会，与人交往亦是如此，高手如云，一些人凡事都争强好胜，让人觉得是个咄咄逼人的人。而实际上，真正的心机并不是冒尖，而是示弱，示弱并不意味着无能，而是一种以柔克刚的大智慧。承认“无知”，多学多问，是铺设走向成功之路的必备素质。学会了妥协，就能学会以屈求伸，以退为进，以静制动，以柔克刚，你才可能成为最后的胜利者。

明修栈道，暗度陈仓

故备前则后寡，备后则前寡，备左则右寡，备右则左寡，无所不备，则无所不寡。寡者，备人者也；众者，使人备己者也。

这段话的含义是，所以注意防备前面，后面的兵力就薄弱；注意防备后面，前面的兵力就薄弱；注意防备左翼，右翼的兵力就薄弱；注意防备右翼，左翼的兵力就薄弱；处处防备，就处处兵力薄弱。敌人兵力之所以少，是由于处处防备的结果；我方兵力之所以多，是由于迫使敌人分兵防我的结果。

这里，孙子阐述了一种灵活多变的策略：敌人防备前面，就攻打其兵力薄弱的后面；相反，敌人弱防备后面，其前面也就兵力薄弱等，始终让敌军摸不着头脑，迷惑敌人，往往做到出奇制胜。迷惑敌人方法众多，其中《三十六计》中有一计：“明修栈道，暗度陈仓”，出自《史记·淮阴侯列传》，原指从正面迷惑敌人，用来掩盖自己的攻击路线，而从侧翼进行突然袭击。引申意：用明显的行动迷惑对方，使敌人不备的策略，也比喻暗中进行活动。比喻用假象迷惑对方以达到某种目的。这是声东击西、出奇制胜的谋略。

“明修栈道，暗度陈仓”，是古代一种非常规的用兵法则，是一种军事谋略，在历史上曾有许多非常成功的战例。

秦朝被推翻的时候，项羽、刘邦以及其他参加反秦战争的各路将领，齐集商议胜利以后怎样割据国土。当时势力最强的项羽企图独霸天下，他表面上主张分地封王、分配领地，心里却已开始盘算，将来怎样一个个地消灭他们。

项羽对一般将领都没有什么顾忌，唯独对刘邦很不放心，他知道刘邦是最难对付的对手。早些时候，大家曾经约定：谁先攻下秦都咸阳（今陕西西安附近），谁就在关中为王。结果，首先进入咸阳的偏偏就是刘邦。关中，即今陕西一带，是秦的本土，由于秦的大力经营，关中不但物产丰富，而且军事工程也有强固的基础。项羽不愿意让刘邦当“关中王”，也不愿意他回到家乡（今江苏沛县）一带去，便故意把巴、蜀（今都在四川）和汉中（在今陕西西南山区）三个郡分给刘邦，封为汉王，以汉中的南郑为都城，想这样把刘邦关进偏僻的山里。而把关中划作三部分，分给秦朝的降将章邯〔hán〕、司马欣和董翳〔yì〕，以便阻塞刘邦向东发展的出路。项羽自封为西楚霸王，封地九郡，占领长江中下游和淮河流域一带广大肥沃之地，以彭城（今江苏徐州）为都城。

刘邦的确也有独霸天下的野心，当然很不服气，其他将领对于自己所分得的更小的地盘也都不满。可是，慑于项羽的威势，大家都不敢违抗，只得听从支配，各就各位去了。刘邦也不得不暂时领兵西上，开往南郑，并且接受张良的计策，把一路走过的几百里栈道全部烧毁。栈道，是在险峻的悬崖上用木材架设的通道。烧毁栈道的目的是便于防御，而更重要的是迷惑项羽，使他以为刘邦真的不打算出来了，从而放松对刘邦的戒备。

刘邦到了南郑，发现部下有一位才能出众的军事家，他就是韩信。刘邦就拜韩信为大将，请他策划向东发展、夺取天下的军事部署。

韩信的第一步计划是，先夺取关中，打开东进的大门，建立兴汉灭楚的根据地。于是派出几百名官兵去修复栈道。这时，守着关中西部的章邯听到了这个消息，不禁笑道：“谁叫你们把栈道烧毁的！你们自己断绝了出路，现在又来修复，这么大的工程，只派几百个士兵，看你们哪年哪月才得完成。”因此，章邯对于刘邦和韩信的这一行动，根本没有引起重视。可是，不久章邯便接到紧急报告，说刘邦的大军已攻入关中，陈仓（在今陕西宝鸡市东）被占，守将被杀。章邯起初还不相信，以为是谣言，等到证实的时候，慌忙领兵抵抗，已经来不及了。章邯被逼自杀，驻守关中东部的司马欣和北部的董翳也相继投降。号称三秦的关中地区于是一下子被刘邦全部占领了。

原来韩信表面上派兵修复栈道，装作要从栈道出击的姿态，实际上却和刘邦统率主力部队，暗中抄小路袭击陈仓，乘章邯不备取得了胜利。这就叫作“明修栈道，暗度陈仓”。

由于这个历史故事，后来形容瞒着人偷偷摸摸地活动，并达到了目的，就叫“暗度陈仓”或者“陈仓暗度”。引申开来，是指用明显的行动迷惑对方，使人不备的策略，也比喻暗中进行活动。

无论是商业还是政治或者是其他活动，都离不开人与人之之间的较量，以此来让自己获利，这是一项很复杂的交际行为，它伴随着双方的言语行动、行为互动和心理互动等多方面的、多维度的的错综交往。为此，我们也可以使用“暗度陈仓”的方法来迷惑对方，这不但是保护自己的方法，更能给对方一个措手不及、获得成功。

心理支招

任何一场较量，双方都希望结果能有利于己，谁暴露得越多，谁就越容易被打败。所以，这一复杂的较量才变得真真假假，真假相参，难以识别。对此，我们可以运用暗度陈仓的方法掩护自己、迷惑对手，取得胜利。

第七篇　军争篇：以迂为直、以患为利

《军争篇》是《孙子兵法》的第七篇，论述的是如何先于敌人造成有利态势和取得制胜的条件。就是争取先机之利，掌握战场主动权。在现实生活中，在很多人与人之间的较量中，我们也可以运用孙子提出的“以迂为直、以患为利”。在交涉前，我们也应尽量做到先发制人，这样不但能守住自己的底线，还能掌控主导权，从而使最后的结果有利于自己。

军争篇——率先争得制胜条件

孙子曰：凡用兵之法，将受命于君，合军聚众，交和而舍，莫难于军争。军争之难者，以迂为直，以患为利。

故迂其途，而诱之以利，后人发，先人至，此知迂直之计者也。军争为利，军争为危。举军而争利则不及，委军而争利则辎重捐。是故卷甲而趋，日夜不处，倍道兼行，百里而争利，则擒三将军，劲者先，疲者后，其法十一而至；五十里而争利，则蹶上将军，其法半至；三十里而争利，则三分之二至。是故军无辎重则亡，无粮食则亡，无委积则亡。故不知诸侯之谋者，不能豫交；不知山林、险阻、沮泽之形者，不能行军；不用乡导者，不能得地利。故兵以诈立，以利动，以分和为变者也。故其疾如风，其徐如林，侵掠如火，不动如山，难知如阴，动如雷震。掠乡分众，廓地分利，悬权而动。先知迂直之计者胜，此军争之法也。

《军政》曰："言不相闻，故为之金鼓；视不相见，故为之旌旗。"夫金鼓旌旗者，所以一民之耳目也。民既专一，则勇者不得独进，怯者不得独退，此用众之法也。故夜战多金鼓，昼战多旌旗，所以变人之耳目也。

三军可夺气，将军可夺心。是故朝气锐，昼气惰，暮气归。善用兵者，避其锐气，击其惰归，此治气者也。以治待乱，以静待哗，此治心者也。以近待远，以逸待劳，以饱待饥，此治力者也。无邀正正之旗，无击堂堂之阵，此治变者也。

故用兵之法，高陵勿向，背丘勿逆，佯北勿从，锐卒勿攻，饵兵勿食，归师勿遏，围师遗阙，穷寇勿迫，此用兵之法也。

这段话的意思是：

孙子说：用兵的原则，将领接受君命，从召集军队，安营扎寨，到开赴战场与敌对峙，没有比率先争得制胜的条件更难的事了。“军争”中最困难的地方就在于以迂回进军的方式实现更快到达预定战场的目的，把看似不利的条件变为有利的条件。所以，由于我迂回前进，又对敌诱之以利，使敌不知我意欲何去，因而出发虽后，却能先于敌人到达战地。能这么做，就是知道迂直之计的人。“军争”为了有利，但“军争”也有危险。带着全部辎重去争利，就会影响行军速度，不能先敌到达战地；丢下辎重轻装去争利，装备辎重就会损失。卷甲急进，白天黑夜不休息地急行军，奔跑百里去争利，则三军的将领有可能会被俘获。健壮的士兵能够先到战场，疲惫的士兵必然落后，只有十分之一的人马如期到达；强行军五十里去争利，先头部队的主将必然受挫，而军士一般仅有一半如期到达；强行军三十里去争利，一般只有三分之二的人马如期到达。这样，部队没有辎重就不能生存，没有粮食供应就不能生存，没有战备物资储备就无以生存。

所以不了解诸侯各国的图谋，就不要和他们结成联盟；不知道山林、险阻和沼泽的地形分布，不能行军；不使用向导，就不能掌握和利用有利的地形。所以，用兵是凭借施诡诈出奇兵而获胜的，根据是否有利于获胜决定行动，根据双方情势或分兵或集中为主要变化。按照战场形势的需要，部队行动迅速时，如狂风飞旋；行进从容时，如森林徐徐展开；攻城掠地时，如烈火迅猛；驻守防御时，如大山岿然；军情隐蔽时，如乌云蔽日；大军出动时，如雷霆万钧。夺取敌方的财物，掳掠百姓，应分兵行动。开拓疆土，分夺利益，应该分兵扼守要害。这些都应该权衡利弊，根据实际情况，相机行事。率先知道“迂直之计”的将获胜，这就是军争的原则。

《军政》说：在战场上，如果用我们平日里的语言来指挥的话，因为战鼓声巨响，根本听不见，所以要用旌旗、金鼓、旌旗，这样，能统一士兵的视听，统一作战行动。既然士兵都能服从统一指挥，那么那些勇敢的将士也不会单独前进，胆怯的也不会独自退却。这就是指挥大军作战的方法。所以，如果是夜间行军，要多处点火，频频击鼓；白天打仗要多处设置旌旗。这些是用来扰乱敌方视听的。

对于敌方三军，可以挫伤其锐气，也能使其丧失士气，能动摇对方将帅的决心，可使其丧失斗志。所以，敌人如果早上来到作战阵地，士气勇猛；而到了中午，则会因为将士困倦而出现怠惰；而到了傍晚，将士们都想着能班师回营，士气必然衰落了。善于用兵的人，敌之气锐则避之，趁其士气衰竭时才发起猛攻。这就是正确运用士气的原则。用治理严整的我军来对付军政混乱的敌军，用我镇定平稳的军心来对付军心躁动的敌人，这是掌握并运用军心的方法。以我就近进入战场而待长途奔袭之敌；以我从容稳定对仓促疲劳之敌；以我饱食之师对饥饿之敌。这是把握军队战斗力的方法。不要去迎击旗帜整齐、部伍统一的军队，不要去攻击阵容整肃、士气饱满的军队，这是懂得战场上的随机应变。

所以，用兵的原则是：对占据高地、背倚丘陵之敌，不要作正面仰攻；对于假装败逃之敌，不要跟踪追击；敌人的精锐部队不要强攻；敌人的诱饵之兵，不要贪食；对正在向本土撤退的部队不要去阻截；对被包围的敌军，要预留缺口；对于陷入绝境的敌人，不要过分逼迫，这些都是用兵的基本原则。

心理支招

《军争篇》是《孙子兵法》的第七篇，本篇讲的是如何“以迂为直”“以患为利”，夺取会战的先机之利。所谓“军争”，争得就是军队争取主动权。这是非常关键的，主动权是战争的重要一方面，所以孙子把它单独列为一章来写。

欲擒故纵，掌握主动

孙子曰：“军争之难者，以迂为直，以患为利。”

这句话的意思是，“军争”中最困难的地方就在于以迂回进军的方式实现更快到达预定战场的目的，把看似不利的条件变为有利的条件。

的确，任何一场战役，要想掌握主动权并非易事，要达到“以迂为直，以患为利”的效果，方法有很多，其中三十六计中有一计——欲擒故纵，意思是，要捉住他，故意先放开他。比喻为了进一步地控制，先故意放松一步。追击时，跟踪敌人不要过于逼迫它，以消耗它的体力，瓦解它的斗志，待敌人士气沮丧、溃不成军，再捕捉它，就可以避免流血。三十六计是我国古代兵家计谋的总结和军事谋略学的宝贵遗产。诸葛亮七擒孟获，也是军事史上一个“欲擒故纵”的绝妙战例。

在诸葛亮的帮助下，刘备经过千辛万苦，终于建立了蜀汉政权，随后，他们定下北伐大计。但在北伐之前，西南夷酋长孟获却率十万大军侵犯蜀国。为了解决北伐的后顾之忧，诸葛亮认为必先解决这一问题。

于是，诸葛亮决定亲自带兵。蜀军事先已埋伏在泸水一带，然后才去诱敌深入的方法，给孟获所带军队一个瓮中捉鳖，而孟获也被诸葛亮生擒。

在擒住孟获以后，蜀军军心大振，他们对北伐充满了信心，但就在这种情况下，诸葛亮却采取了令大家感到很震惊的一个举措，他竟然将孟获放了。原来，诸葛亮是这样考虑的：孟获虽然已被擒，但他在西南夷中的威望很高，如果能让他心悦诚服地投降，那么，就能使整个南方都稳定下来，否则，南方还是会不断出现侵扰，后方难以安定，又怎能安心北伐呢？

孟获被放之后，表示下次一定能击败蜀军，诸葛亮笑而不答。孟获回营之后，抢走了所有船只，并霸占泸水南岸，为的就是阻止蜀军过河，但他没有料到的是，诸葛亮的军队却从河流下游悄悄渡河，并袭击了孟获的粮仓，孟获暴怒，就拿将士出气，这些将士心中也是一肚子火，就一起相邀投降，顺便将孟获擒住，交由诸葛亮。

此时的孟获还是不服，诸葛亮见状，便再次将他放了。此后，孟获为了“与”诸葛亮一较高下，使了很多计谋，但都被诸葛亮识破，四次被擒，四次被释放。

最后一次，诸葛亮火烧孟获的藤甲兵，第七次生擒孟获。终于让孟获心悦诚服，他真诚地感谢诸葛亮七次不杀之恩，誓不再反。

从此，蜀国西南安定，诸葛亮才得以举兵北伐。

欲擒故纵，这就是诸葛亮七擒孟获使用的手法。表面上看，这样做是与原本目的相反的，但实际上却达到了更为积极的效果。我们常说的“欲将取之，必先予之”也有这层意思。

我们发现，生活中，可能很多恋爱高手都会使用这样一招：想要抓住你，却故意装出一副不理睬的样子，这样更加吸引了你的注意，他使用的就是心理学上的欲擒故纵术。同样，这一心理操纵术还可以运用到谈判中。的确，每一个谈判者，尤其是那些优秀的谈判者，大都有自己谈判的基本态度和谈判特点。这种态度和特点在谈判者面对谈判局势时，会有意或无意地支配他的行为。但无一例外，谨慎提防都是他们的共同谈判态度。而这也成为很多领导干部谈判时头疼的问题，似乎不管你如何引导对手，对方似乎都不妥协。其实，既然如此，何不唱唱反调，欲擒故纵呢？欲擒故纵策略即对于志在必得的交易谈判，故意通过各种措施，让对方感到自己是满不在乎的态度，从而压制对手开价的胃口，确保己方在预想条件下成交的做法。

我们都知道要想成功谈判，就要让对方接受我们的想法和意见，从而影响他人，就必须先探清对方的内心世界。但事实上，人们出于自我保护的目的，内心世界往往是隐蔽的，对谈判对手也都是谨慎小心，此时，你可以从反方向入手，欲擒故纵，有时候会让你在谈判中豁然开朗。

但我们在采用这一策略时要注意：

1.立点在“擒”。

因此，“纵”时应积极地“纵”，即在“纵”中激起对手的成交欲望。

激的手法是：一方面表现你的不在乎，成不成交利益关系不大；另一方面要尽可能揭示对方的利益，处处为其着想，让其不愿被纵。

可见，使用欲擒故纵策略最关键的就是，务必要使那些刻意为之的假象让人相信。所以，为使这些信息看起来显得更真实，你最好不要亲自传达，而要借用第三者之口发布。

另外，在态度上，你最好不要表现得太过热情，要尽量做到不紧不慢、不冷不热，越是表现得不在乎，你“纵”的动机就越显得真实。

2.在冷漠之中有意给对方机会。

只不过我们应选择时机给对方机会，最好在其等待、努力之后，再给机会与条件，让其感到珍贵。比如，当对方迫切地想知道你的态度时，你可以绕开对方的提问，将交谈中心转移到一个更为轻松的话题上。当对方已经表现得很着急时，你不妨说“这个问题可以缓一缓”或是“这是下一步我们要谈的问题”。

但是，对于对方想知道的，我们也不能“一棍子打死”、不给他知道的机会，而应该晚一点说，吊吊对方的胃口，一来对方可以充分同我们做好配合，二来他也会更加主动。因为他只知道会有利益，却不知道会有多大的利益，此时，他一般都会唯你是从。

3.注意言谈与分寸。

即讲话要掌握火候，“纵”时的用语应有尊重对方的成分，切不可羞辱对手。否则，会转移谈判焦点，使纵失控。

当然，我们在运用这一策略的时候，一定要注意：要了解对方的性格，如果对方是个急性子并大大咧咧，你可以对其“愚弄”一番；而如果对方心思细腻的话，你就要慎用这一方法，以免因小失大，失去谈判机会！

心理支招

欲擒故纵中的“擒”和“纵”，是一对矛盾。军事上，“擒”是目的，“纵”是方法。古人有“穷寇莫追”的说法。实际上，不是不追，而是看怎样去追。把敌人逼急了，它只得集中全力，拼命反扑。不如暂时放松一步，使敌人丧失警惕，斗志松懈，然后再伺机而动，歼灭敌人。

坐山观虎斗，最后出手

是故朝气锐，昼气惰，暮气归。善用兵者，避其锐气，击其惰归，此治气者也。

这句话的意思是，所以，敌人早朝初至，其气必盛；陈兵至中午，则人力困倦而气亦怠惰；待至日暮，人心思归，其气益衰。善于用兵的人，敌之气锐则避之，趁其士气衰竭时才发起猛攻。这就是正确运用士气的原则。

这里，孙子阐述了行军打仗中该如何运用士气的原则——待到敌军士气弱的时候再进攻，所以，高明的方法不是与强者硬碰硬，而是静观其变。为此，战术上有个“坐山观虎斗”的策略，也就是让高手先进行对决，当他们两败俱伤时，自然就能捡到“现成的便宜”，成为最后的赢家。可以说，这一策略是对《孙子兵法》的极好运用，成语“鹬蚌相争，渔翁得利”，说的就是这个道理。

从前有两个人，他们都爱好打猎，这天，他们还和往常一样来到森林中，却看见两只老虎在吃人肉，其中一个人很是气愤，他迫不及待要去杀了这两只老虎，而另一个人则上前制止，并说：“人肉是老虎最爱吃的，现在两只老虎都抢着吃人肉，一定会争得你死我活，力气比较小的那只肯定会被比较强的那只打死。最后，比较强的那只也一定会伤痕累累。等到那时候，我们不用花什么力气就可以把两只老虎都打死，这不是做了一件事就能获得双倍好处吗？”果然，两个人很轻松地就把两只老虎抓住了。

自古以来，人们就知道“坐山观虎斗”的道理，并且还善于运用这个道理来谋取自己的利益。在混乱的博弈环境中，置身事外是保护自己的最佳策略。我们都有这样的感悟，在激烈的冲突中，那些没受到波及的，往往是置身事外的人。然而，置身事外看似简单，却是高深的智慧。我们若学会了这样的博弈技巧，那么，我们也就学会了从宏观的角度看待事物。事实上，人际较量中，无论你是强势的一方，还是弱势的一方，学会静观其变都是出力最少、获利最大的策略。

当然，另一方面，我们还要学会一点，即团队协作，绝不可钩心斗角，只有相互信任、一致对外，才能克敌制胜，保存自己。

不得不承认，当今这个时代，每个角落里都散发着竞争带来的紧张气氛。诚然，在你追我赶的现代社会，竞争对于提升自我价值与空间有很重要的作用，人们可以从中发现自己的不足，并以此作为一种前进、努力争取的动力来鞭策自己。然而，这一效果是在良性竞争中才会产生的，恶意的斗争只会导致两败俱伤。

那么，为什么当人们置身于事件之中时，却还要与对方争个你死我活呢？事实上，除了那些原则性问题之外，是没有必要非得争个高下和输赢的。即使你赢了，你也可能失去更多，比如，友谊、健康、快乐等。明白了这个道理，面对利益、观点、意见的分歧时，我们也就能做到淡定处之，不与人争斗了。

陈飞和邹伟都是刚毕业的大学生，他们进了同一家企业。新人新气象，在工作半年后，公司决定在新员工中提拔出一批干部，以激发公司员工的活力。这些新手们都知道这是一次难得的机会，也知道人情世故的重要性。于是，在得知公司要提拔新人的消息后，所有人都“出动”了。

陈飞是一个精明的人，接下来，他花了半年的薪水买了一些烟酒，亲自送到主管家，果然，这个爱好烟酒的主管很乐意地接受了陈飞的礼物，陈飞以为自己会成为新干部的候选人，于是，他在家敬候佳音，但实际上，送礼的人远不止他一个；而邹伟是个憨厚的年轻人，这件事似乎和他一点关系也没有，家人都劝他去活动活动关系，而他还是和以前一样，朝九晚五地上班，对待同事也是笑脸相迎。所以，那段时间，整个办公室的年轻人，似乎一下子就他一个人真正地在忙工作。

主管在接受了众多礼物后，无法抉择，而上级领导一直催促他要本着“公平公正”的原则为公司选拔人才，在左思右想后，这位主管作出了“英明”的决策：提拔邹伟为领导干部。很多人对此感到不解，他的理由是：一个不争抢名利的人，才是真正能把精力放在工作上的人，也才是能倾心倾力为公司负责的人。

案例中的主管为什么没有选择为之送礼的下属，反而选择毫无动静的邹伟呢？正如他所想的，一个内心淡定的人，不热衷于名利的争夺，才会全身心把精力投入到工作中，这样的人，才是真正有担当的人。

其实，不仅仅是职场，在这样一个竞争激烈的社会中，对于钱财、权威，淡定一点是最明智的生存之法。少说话、多做事、充实内在，你自然能脱颖而出。

可能你会产生这样的疑问，万一对方有意与自己较量，又该如何，此时，你不妨装装傻，选择沉默！道理很简单，如果你装聋作哑，别人是不会与你计较的，也就不会产生争斗，因为斗了也是白斗。对方如果还一再挑衅，只会凸显他的好斗与无理取闹，因此面对你的沉默，这种人多半会在几句话之后就仓皇地且骂且退，离开现场，如果你还装出一副听不懂的样子，那么更能让对方败走！

心理支招

从《孙子兵法》中，我们应该得出两点启示：一方面，我们要善于坐山观虎斗，可以轻轻松松地坐收渔翁之利。对于弱者来说，假如能够制造矛盾，削弱强者的实力，无疑是一种最佳的生存策略；另一方面，我们应该减少与他人的恶性竞争，只有团结协作，才能一致对外。

让对手自乱“军心”，创造取胜机会

三军可夺气，将军可夺心。

这句话的意思是，对于敌方三军，可以挫伤其锐气，可使其丧失士气，对于敌方的将帅，可以动摇他的决心，可使其丧失斗志。

这里，孙子告诉我们，攻敌先攻心，要打败敌军，先要扰乱其军心，一旦敌军丧失斗志，要战胜他们就势在必得了。同样，现代社会，社交场合中的一场场人与人之间的较量实际上也就是心理策略的较量和角逐，善于把握人心，占尽先机的人就能在这场较量中掌控大局，获得胜利。而占尽先机，我们就必须主动出击，这其中，我们不妨制造假象，这样，对方的视线就会被混乱，也就能误导对方的判断力。

当今社会，随时随地无不体现着激烈的竞争，你不能输在任何环节上，尤其是心理这一环节。懂得人际交往的心理效应，你也可以成为耀眼的社交明星。怎样才能顺利得到心中的好工作？怎样才能和老板、同事和睦相处？怎样才能赢得商业谈判场上的成功？怎样才能成为众人欢迎的社交高手？

每一次人际交往都是一次心理交锋，而在这交锋过程中，最重要的就是要占尽先机，你可以打破思维，让对方自乱阵脚，这样，即使处于交际劣势，也可以创造取胜机会。在社交活动中占尽先机，你就能如鱼得水，毕竟社交打的就是一场心理战。

1972年5月，在国际象棋冠军史帕斯基和巴比·费雪之间展开了一场世界国际象棋冠军争霸赛。

史帕斯基焦躁地等待费雪，但费雪迟迟没有抵达。

好不容易费雪来了，但他说不喜欢比赛的大厅，灯光太亮，摄影机的声音太嘈杂，椅子坐着也不舒服……

几周之后，费雪终于折腾得差不多了，答应比赛了。但就在双方见面的那天，费雪迟到了很久；赛前新闻发布会，他又迟到了。大家都以为费雪是因为怯场而不敢露面。然而，在比赛开始的前一分钟，他出现了。

在第一局中，费雪早早就下了一步烂棋，或许是他象棋生涯中最糟糕的一步，他似乎打算弃子投降。史帕斯基知道费雪从不弃子投降，但是，这次费雪真的投降了。在输掉第一局之后，费雪更加大声地抱怨房间、摄影机以及一切的一切。

第二局比赛，费雪又没有准时出现。主办单位只好取消了他第二局的出赛权。很明显，费雪已经心神大乱了。

第三局，费雪看起来信心十足。在关键时刻他又下了一招错棋，但是他自信的神情让史帕斯基困惑。在史帕斯基恍然大悟之前，费雪已经利索地战胜了史帕斯基。

后面几盘棋，史帕期基开始犯错。输掉第六局棋后，他开始悄声哭泣。第八盘棋下完后，史帕斯基终于明白了这是怎么一回事，但是已经晚了。

第十四局时，史帕斯基怀疑比赛时自己喝的橘子汁被下了药，或许是空气中飘散着某种化学物质，让他不能集中注意力。他还公开控诉费雪的团队在椅子上动了手脚，扰乱了他的心智。

可是，即便有关人员反复检测，也找不出任何不对劲的地方。

接下来，史帕斯基开始抱怨并产生了幻觉，他没有办法再继续下去，最后只好无可奈何地放弃了比赛。

费雪为什么会战胜史帕斯基？他的策略是什么？很显然，是心理上的一次次较量，从某种意义上讲，费雪不是在下棋，而是在揣摩别人的心理，他所用的就是心理上的抢占先机法，史帕斯基最终自乱阵脚，心理上的失败让他失掉了比赛。在此之前，费雪与史帕斯基已经较量过多次，他很明白，在实力上，他根本不是史帕斯基的对手，因此他改变策略，采用心理战术：打破常规，改变了自己的旧有模式。于是，比赛前，他一次次地迟到；比赛时，他故意走错棋、弃子投降、放弃第二局的出赛权……

对史帕斯基而言，费雪的这些行为很出乎他的意料，他猜不透自己的对手，于是他疑惑、恼怒，受不了对方给自己的一次次心理“折磨”，结果乱了方寸，导致发挥失常。

我们明白，人在正常的心理状态下，总是能发挥正常的水平，因为人总是习惯遵循一定的思维思考，遵循一定的方法行事。同时，也把别人的思维限定在这种正常模式中，这个“一定”就是所谓的“常规”。从心理学方面分析，如果对方的言行符合常规或者在自己的意料之中，则能保持一颗平常心，做平常事；如果对方的言行偏离常规或出乎自己意料，就容易心神不宁，思绪混乱，发挥失常甚至无法发挥。费雪能赢得对手，就是打破了这种常规，在心理上占了先机。

心理支招

《孙子兵法》告诉我们，古人行军打仗，常采用扰乱敌军军心的方法，也就是这个道理，攻其军心，可不伤一兵一卒，让敌军陷入混乱之中，然后乘其不备，便可大获全胜，扭转胜败的局势。现代社会，人与人之间打的也就是心理战，“先下手为强”，也可理解为占心理的先机，但在这过程中，要善于发现对方的软肋，这是最好的扰乱别人阵脚的方法，一旦掌握了“心理学占先机”这门工具，就能在社交中如虎添翼，如鱼得水！

选择熟悉的交涉地点，占尽心理优势

不知山林、险阻、沮泽之形者，不能行军；不用乡导者，不能得地利。

这段话的意思是，不知道山林、险阻和沼泽的地形分布，不能行军；不使用向导，就不能掌握和利用有利的地形。

这里，孙子强调的是作战前，必须要对地形有充足的了解和把握，“地利”是战争胜利的重要因素之一，在不了解地形的情况下，不可贸然行动。另外，从心理学的角度看，如果对地形勘探仔细、了解透彻，也能帮助士兵获得心理优势、鼓舞士气，增加战争胜利的可能。

草船借箭的故事就说明了这个道理：

三国时期，曹操率大军想要征服东吴，孙权、刘备联合抗曹。孙权手下有位大将叫周瑜，智勇双全，可是心胸狭窄，很妒忌诸葛亮（字孔明）的才干。因水中交战需要箭，周瑜要诸葛亮在十天内负责赶造十万支箭，哪知诸葛亮只要三天，还愿立下军令状，完不成任务甘受处罚。周瑜想，三天不可能造出十万支箭，正好利用这个机会来除掉诸葛亮。于是他一面叫军匠们不要把造箭的材料准备齐全，另一方面叫大臣鲁肃去探听诸葛亮的虚实。鲁肃见了诸葛亮。诸葛亮说："这件事要请你帮我的忙。希望你能借给我20只船，每只船上30个军士，船要用青布幔子遮起来，还要一千多个草靶子，排在船两边。不过，这事千万不能让周瑜知道。"鲁肃答应了，并按诸葛亮的要求把东西准备齐全。两天过去了，不见一点动静，到第三天四更的时候，诸葛亮秘密地请鲁肃一起到船上去，说是一起去取箭。鲁肃很纳闷。诸葛亮吩咐把船用绳索连起来向对岸开去。那天江上大雾迷漫，对面都看不见人。当船靠近曹军水寨时，诸葛亮命船一字摆开，叫士兵擂鼓呐喊。曹操以为对方来进攻，又因雾大怕中埋伏，就派六千名弓箭手朝江中放箭，雨点般的箭纷纷射在草靶子上。过了一会儿，诸葛亮又命船掉过头来，让另一面受箭。太阳出来了，雾要散了，诸葛亮令船赶紧往回开。这时船的两边草靶子上密密麻麻地插满了箭，每只船上至少五六千支，总共超过了十万支。

船队返营后，共得箭十余万支，为时不过3天。鲁肃目睹其事，极称诸葛亮为"神人"。诸葛亮对鲁肃讲：自己不仅通天文，识地利，而且也知奇门，晓阴阳。更擅长行军作战中的布阵和兵势，在3天之前已料定必有大雾可以利用。他最后说："我的性命系之于天，周公瑾岂能害我？"当周瑜得知这一切以后，大惊失色，自叹不如。

诸葛亮草船借箭的成功，得益于他观天象、晓地理，雾中的战场是他预料中的作战情形，自然能运筹帷幄，不费吹灰之力得来曹军所赐的"战利品"，从而让周瑜输得心服口服。

的确，现代社会，人际交往，做人做事，都和心理学有着千丝万缕的联系，《孙子兵法》有云"用兵之道，攻心为上，攻城为下；心战为上，兵战为下"。这一兵法尤其在现代社会社交生活中大有用武之地，如果不懂心理学，即便你口若悬河、煞费周章，也可能南辕北辙、毫无效果；相反，如果懂得心理学，可能只需付出一点点，便能洞悉对方内心世界，从而先入为主，占尽社交先机，达到交际目的。

心理学告诉我们，当我们与人交涉的时候，选择自己熟悉的地方作为双方谈判和交涉的场所，掌握交涉的主动权，交涉成功的胜算会更高一筹。

从心理学的角度看，对交涉场所熟悉，能给自己以信心，有一种在整个交涉过程处于主人翁地位也就是优势地位的感觉，而与此同时，对方也就能听之任之、被动地接受你安排的交涉内容，这就是一种心理上的占尽先机。

社交活动成功的关键是一句话：了解人心、擅长攻心。俗话说“知人知面难知心”，意思是人的外在行为较为容易观测和推断，但人的内在心理却往往难以把握。选择自己熟悉的交涉场所，就能从心理上打败对方，使你能够迅速地提高说话办事的眼力和心力，掌控人际交往主动权，避免挫折和损失，一步一步地达到自己的社交目的。

有一对夫妻一起去和业务员商量房价问题，而业务员把看房地址选在了另一家已经装修好的房子里，而这所房子的格局和这对夫妇即将购买的房子相同。

“千万不要夸人家的房子好，不然我们不好杀价。”先生对太太说。可一到现场，太太就无法掩饰自己对所看房子的喜爱。业务员火眼金星，自然心中有数。

“啊，这房子漏水。”先生说。“太太，你们要买的房子装修起来比这还要气派。”业务员对太太说。

“这个房子那里好像要整修”，先生又说。“太太，您在格局上可以稍作更换一下，我认识很多出名的设计师”，业务员只顾着跟太太说。

于是，业务员不费吹灰之力，便高价出售了一栋房。

业务员成功的原因是什么？很简单，他利用自己对现有房子的熟悉，介绍了这位太太即将买的房子的更加吸引人之处，尽管这位太太的丈夫一直在强调房子可能存在的缺点，但业务员还是在这场心理交锋中掌握了主动权，成功地做成了生意。

这就是为什么生活中我们发现，很多人求人办事，会把对方邀请到自己的家中。这也是一种心理优势的显现，当然，对方就给了一种心理让位，自然，要办之事就能水到渠成了。

处处占先机是人生和事业成功的永恒法则，社交活动中心理先机也是掌握交际局势的必然，当今社会瞬息万变，一步心理上的先机可能关系到你在生活或者事业上的成功与否，选择自己熟悉的社交场所，抓住社交“瓶颈”，你就能运筹帷幄，掌控主动权！

与他人联合，扩充自己实力

孙子曰："故兵以诈立，以利动，以分和为变者也。"

这句话的意思是，所以，用兵是凭借施诡诈出奇兵而获胜的，根据是否有利于获胜决定行动，根据双方情势或分兵或集中为主要变化。

这里，孙子再次强调了用兵要诡诈的道理，出奇才能制胜，尤其是在那些战斗实力不足的情况下，更不能以卵击石。同样，现代社会，我们与人较量，也要权衡实力，而在实力悬殊的情况下，不可硬拼，聪明的做法之一是与弱者联合，以此扭转局面。

无数生活中的实例证明，在强大的对手面前，弱者保护自己的最好方法就是与同为弱者的另一方结成联盟。另外，它甚至还能帮助我们扭转局势。古人云："三个诸葛亮，赛过一个诸葛亮。"这句话很明确地表明了团队合作对于弱者的意义：团队行动可以达到个人无法独立完成的成就。也就是说，只要团队中的每个人都能充分发挥个人的才智，就能将团队的力量发挥到最大。但这里的充分发挥，很明显是要各取所长，把每个人的力量发挥到最大。我们先来看下面这样一个故事：

一个跳伞运动员在一次跳伞活动中，一不小心被挂在了飞机的起落架上，高空中的冷风嗖嗖地吹着。很快，飞机驾驶员看到了出了意外的运动员，他不能见死不救，可是，他的座位离起落架太远了，他怎么也割不断救生伞，运动员只好一直被悬挂在起落架上。

为了要救这名运动员，驾驶员想方设法也无济于事，最后他决定，还是带运动员回机场。为了保障运动员的安全，他降低了飞行速度——由原来的每小时80里到现在的时速60公里。可是这样做，又会带来另外一个问题，飞机可能因为速度太慢而一头栽下去。当飞机在机场上空盘旋时，由于速度过慢，驾驶员已经感受到了飞机的震荡，稍不注意就可能发生危险。

此时，驾驶员眼前一亮，他发现前方有一片草地，如果能在草地上降落，那么，便能减少与飞机的摩擦，对保护运动员有好处。然而也有不利因素，如果处理不好仍然会造成机毁人亡，他想到了这点，但却不知运动员是怎么想的。要知道，此时配合不好的话，就会导致更为严重的意外。

然而，运动员似乎与飞机驾驶员心有灵犀一样，就在飞机落地的一瞬间，运动员猛地把自己身子缩小，把头勾起来，他这样做的目的就是不让自己在飞机落地时碰到地面，保护自己不受伤，他的冷静给他带来了生还的希望。

很庆幸，飞机成功降落，虽然运动员皮肤擦伤了，但其他一切正常。当他看到救他的车辆驶过来时，他兴奋地对救他的人说："我太幸运了！"有人告诉他："不是你幸运，是你们配合得太好了。"

可能你也为运动员捏了一把汗，但正是因为他与驾驶员的巧妙合作，最终化险为夷。这里，假设驾驶员对飞机的操作不够熟练，运动员对自己的身体机能把握不好的话，那么，他们必然逃不过这一关，类似这样的事生活中极少发生，然而却说明了生活中配合与协助的精神是必不可少的。当然，在配合的同时，需要每个人都发挥自己最擅长的力量。

叔本华说："单个的人是软弱无力的，就像漂流的鲁滨孙一样，只有同别人在一起，他才能完成许多事业。"从小我们就高喊："团结就是力量，合作就是力量"。我们都知道，21世纪是一个合作的时代，合作已成为人类生存的手段。因为科学知识向纵深方向发展，社会分工越来越精细，人们不可能再成为百科全书式的人物。每个人都要借助他人的智慧完成自己人生的超越，于是这个世界充满了竞争与挑战，也充满了合作与快乐。同样，每个青少年，也要对合作引起重视，并把合作的意识运用到日常的生活和学习中。

那么，具体来说，我们该如何与弱者联合呢？

1.搞好人际关系，他人才会愿意帮助你。

当今社会本身就是一个关系型社会，关系的重要性可见一斑。可能很多人认为青春期的孩子们不应该过早地"靠关系"，实则不然，让孩子们认识到关系在未来人生发展中的作用，能让现阶段的孩子们学会友好地与人相处，也能更开阔他们的思维。

2.消除心理成见。

可能你会认为，这样做岂不是很功利？可是，哪一段关系能完全摒弃功利呢？生活中，我们经常听到一些人抱怨朋友不讲交情，不够哥们儿。其实，引起抱怨的主要原因就是自己的某种需求没有得到满足，而这种需要何尝不是功利性的呢？人们常常说的那种没有功利性色彩的友谊，几乎是不存在的。比如，当你发现某个人对你有利用价值，而主动与之建立关系的时候，如果发现你不过是个腹中空空的草包，那么想必他对同你做朋友也不会有多大兴趣。

3.学会为人所用，体现自己的价值。

“被利用”的价值，这个词听起来好像过于功利了，而人际关系心理学家认为，互利是人际交往的一个基本原则。虽然我们的社会提倡奉献和利他精神，但这是一种最高层次的人际交往境界，很难要求所有人都做到这一点。

人之所以需要与人交往，多半时候，都是想从交往对象那里满足自己的某些需求，这种满足，既有精神上的，也有物质上的。所以，按照人际交往的互利原则，人们实际上采取的策略是：既要讲感情，也要有功利。可以说，人际交往中的互惠互利合乎我们社会的道德规范。

心理支招

竞争激烈的现代社会，无论是个人还是企业，单打独斗的个人英雄主义已经行不通。尤其是与强者抗敌，更不要指望你一个人能做到。

第八篇　九变篇：见微知著，灵活应变

《九变篇》乃《孙子兵法》的第八篇，本篇兵法讲的是将军根据不同情况采取不同的战略战术。

九变篇——通晓九变，善于用兵

孙子曰：凡用兵之法，将受命于君，合军聚众。圮地无舍，衢地交合，绝地无留，围地则谋，死地则战。涂有所不由，军有所不击，城有所不攻，地有所不争，君命有所不受。故将通于九变之地利者，知用兵矣；将不通于九变之利者，虽知地形，不能得地之利者矣。治兵不知九变之术，虽知五利，不能得人之用矣。

是故智者之虑，必杂于利害。杂于利，而务可信也；杂于害，而患可解也。是故屈诸侯者以害，役诸侯者以业，趋诸侯者以利。故用兵之法，无恃其不来，恃吾有以待也；无恃其不攻，恃吾有所不可攻也。

故将有五危：必死，可杀也；必生，可虏也；忿速，可侮也；廉洁，可辱也；爱民，可烦也。凡此五者，将之过也，用兵之灾也。覆军杀将必以五危，不可不察也。

这段话的意思是：

孙子说：凡是用兵的法则，主将受领国君的命令，征集兵员编成军队，在“圮地”上不要驻止，在“衢地”上应结交诸侯，在“绝地”上不可停留，遇到“围地”要巧出奇谋，陷入“死地”就要殊死奋战。

有的道路不可强行通过，有的敌人不宜攻击，有的城池不能攻占；有的地方不能占多，不合乎上述“九变”的，即使是国君的命令，也可以不执行。

所以，将帅能通晓九变好处的，就懂得用兵了；将帅不通晓九变好处的，虽然知道地形情况，也不能得地利。指挥军队而不知道各种机变的方法，虽然知道“五利”，也不能充分发挥军队的战斗力。

所以，那些智慧的将领在考虑问题时，总是能考虑到利害各个方面，在情势有利于自己时能考虑到不利的情况，而在不利时能考虑到有利的方面，祸患就可以避免。

能使诸侯屈服的，是用诸侯最害怕的事情去威胁它；能役使诸侯的，是用危险的事情去困扰它；能使诸侯归附的，是用利益去引诱它。

所以用兵的法则，不要寄希望于敌人不来打，而要依靠自己严阵以待，充分准备；不要寄希望于敌人不来进攻，而要依靠自己有使敌人无法攻破的充足力量和办法。

将帅有五种致命弱点：有勇无谋，只知死拼，就可能被敌诱杀；临阵畏怯，贪生怕死，就可能被敌俘虏；急躁易怒，一触即跳，就可能受敌凌辱而妄动；廉洁而爱好名声，过于自尊，就可能被敌侮辱而失去理智；溺爱民众，就可能被敌烦扰而陷于被动。这五点是将帅易犯的过失，是用兵的灾害。军队的覆灭、将帅的被杀，都是由于这五种致命弱点造成的，这是做将帅的人不可不充分注意的。

心理支招

《九变篇》是《孙子兵法》的第八篇，本篇兵法讲的是将军根据不同情况采取不同的战略战术。这一点，我们也可以运用到与对手的较量中，的确，现代社会，竞争之激烈早已不用多说，我们每个人都有一个或者几个对手，要想击败他们，我们除了积累自身实力外，还要懂得见微知著，灵活应对的变通思维，学会到什么山唱什么歌，做到具体情况具体分析，并一击即中，从而轻松取得胜利。

到什么山唱什么歌

孙子曰：将不通于九变之利者，虽知地形，不能得地之利者矣。

这段话的意思是，所以将帅能通晓九变好处的，就懂得用兵了，将帅不通晓九变好处的，虽然知道地形情况，也不能得地利。

这里，孙子指出了将帅在带兵过程中要懂得变通，要灵活应对，这才是正确的战术，这一点，我们也可以运用到现代社会的社交场合。俗话说得好，到什么山上唱什么歌，见什么人说什么话，因为与我们打交道的每个人都有其不同的个性、习惯、年龄、性别、文化背景，也就有了不同的思想意识。各人所处的地位不同，对同一事物的理解也是有差异的，说话的分寸也要据此来做不同的处理。例如，在日常生活中，对同辈人与对长辈（或上级），对陌生人与对知己，对不同性格的人说话都应讲究分寸，考虑到听者的接受程度。

比如，对领导，就要学会谨慎、示弱：

王小小是个刚毕业的大学生，毕业后不久就找到了一份满意的工作，很让周围那些还未落实工作的同学羡慕，可是，小小也有自己的烦恼，因为无论她怎么做，似乎领导都不满意，于是，她找到自己的一个师姐，希望能给自己指点迷津。

“我对工作非常投入，而且在很短的时间内就创出了业绩，可领导就不肯定我，反而经常在开会的时候暗指有些年轻人‘翘尾巴’，他这不是故意刁难我吗？”

“你平时是不是上班迟到啊？或者是什么地方冲撞了领导呢？”师姐问她。

“从没有，我从小都听话，在学校听老师的话，在家听爸妈的话，上学就是三好学生，我从来没有让大人、老师和领导失望过，我要求自己特别严。”

“这就是你的不对了！”师姐笑道：“你看你，平时工作认真，能力较强，业绩突出，在细节上也没问题，那不就等于告诉领导：‘我不需要领导吗？’”

小小百思不解，“难道表现好还不对了？”

“那倒不是，”师姐接着对小小说，“原则问题一定要过硬，你可以在工作上表现突出，但要学会在语言上示弱，然后让领导指出你的缺陷和不足，也就体现了他的作用和价值，但你若处处做得很完美，那领导的地位又何在呢？因此，你工作上要好，但你要有意露出点破绽，存心让领导指出来，这才是聪明的做法。另外，你在语言上一定要谨慎，并且要示弱，别总在领导面前说看不惯谁，有事没事就要学会汇报思想，哪怕是一件极小的事，只要你学会请教，领导就会觉得你是个听话的孩子，给了他面子，你也没吃什么亏……”

听完师姐的劝告，小小明白了很多，于是，第二天，她故意没有收拾桌面，领导走过来，点了点桌子，暗示她要学会收拾桌面，她好像恍然大悟的样子，即刻收拾。再后来，她学会了请示，就算她已经知道下一步该怎么做，也会拿着文件敲领导的门，让领导先过目，她甚至会主动在文件上打错几个字，有意让领导用红笔圈出来……

而事实证明，她的做法是正确的，年底得到了提升，领导也越来越器重他。

下属小小在听了前辈的指点后，采用的是与以前不同的与领导相处、说话的方式，很快，她这种方式便奏效了。这是因为，每个领导都希望自己的能力被肯定，作为下属的我们，应该懂得成全领导的这种心理，在说话、做事的时候就要学会示弱，由此，他就看出你的问题，找出你的毛病，并加以指点后你能改正，来显示自己的角色了。如果一个下属无论在办事能力和说话风格上都大包大揽，这个下属肯定很容易得罪上司。

当然，日常交际中，与上司沟通、相处只是一部分，面对其他不同的人，还是要懂得说不同的话，委屈才能求全，委屈就是要舍弃一部分东西（让给别人），给别人留有余地，这才是处人之道。但无论面对什么人，我们在说话的时候，总的来说，都应该掌握下面几个原则：

1.注意说话的分寸和水准。

说话要讲究水平的。那么这个“水平”主要表现在哪些方面呢？

一是语言准确，能表达出到位的意思。说不到位，说不到点子上，别人可能听不明白，理解不透，琢磨不出你的真实用意，你提出的想法或要求也不会被别人重视和接受，非但事情办不成，也常常被人瞧不起。

二是说话不能太过头。有些人在与人交际的时候，不顾对方的感受，只顾自己逞口舌之快，结果得罪了人，其实，他们虽然言辞太尖刻，但并没有恶意，只是让人听上去不愉快，却造成了交际的失败。讲究分寸是一种很重要的说话艺术，说话是否有分寸，对于我们办事成败有着很大的关系。

2.说话要注意对方的身份。

任何人在交谈时，都有一个交谈的对象，在与不同的人交谈的时候，一定要注意对方的身份，有些话当说，有些话不当说，这才能达到理想的交谈效果。

3.要学会察言观色。

建立在接触很多人的基础上的，也许我们一开始并不会做到这么好，会说错话，做错事，但是，时间长了，经历得多了，也就渐渐懂得了人情世故。

心理支招

很多人认为，见什么人说什么话是一件很难的事，事实上，这需要一定的技巧，也不是一蹴而就的，因此，这不是别人告诉你怎么做你就会怎么做的，你需要接触很多很多的人，慢慢地就会了解不同人的所思所想，从而提升自己识人察人的能力，成功地达到交际目的！

掌握敌人的优缺点，对症下药

孙子曰：“是故屈诸侯者以害，役诸侯者以业，趋诸侯者以利。”

这句话的意思是，能使诸侯屈服的，是用诸侯最害怕的事情去威胁它；能役使诸侯的，是用危险的事情去困扰它；能使诸侯归附的，是用利益去引诱它。

这里，孙子阐述了几种降服敌人的方法，目的都是在赢得战争的胜利。当今社会，无处不存在竞争，我们与人交际，有时候也并不是为了交朋友，而是为了打败敌人。前面篇目中，《孙子兵法》也曾有云：“知己知彼方能百战不殆。”这一点同样可以运用到社交活动中，只有先掌握敌人的优缺点，才能对症下药，从而控制局势，赢得成功。

春秋战国时期，苏秦的弟弟苏代就用这种为敌人分析利弊的方法说服西周，顺利地解决了一次东西周之间的水利纠纷，并获得了双方的奖励，事情的经过大致是这样的：

当时，东周为了发展农业，提高农作物的产量，从而发展经济，准备改种水稻。而西周掌握着东周的水资源，因为西周在高处。东周准备改种水稻的消息很快传到了东周，西周坚持不给东周放水。东周国民非常着急，于是发出话来，谁能去说服西周放水，国家要给予重奖。这时，苏秦的弟弟苏代就毛遂自荐去说服西周。

苏代来到西周后，就对西周人说：“我听说你们不给东周放水，这个决定可不高明啊？”西周人问：“怎么不高明呢？”苏代说：“你们不给东周放水，他们就没有办法改种水稻。只能改种小麦。这样，他们就再也不用求你们了。你们和东周打交道也就没有主动权了。”

西周人问：“苏先生，依你的意见怎么办好呢？”苏代说：“要听我的意见，你们就给东周放水。让他们顺利地改种水稻。改种水稻就常年都需要水，这样，东周的经济命脉就掌握在你们手里了。你们一断水他们就没辙了。他们时刻都得仰仗你们，巴结你们。”西周人听了觉得有道理，不但同意给东周放水，还重重奖励了苏代。

苏代之所以能战胜敌方，主要是因为他找出了放水对西周人的好处和不放水的弊端，在权衡利弊后，西周人自然会作出明智的决定。从这个故事中，我们懂得一个道理，与敌人打交道，要想取胜并不是不可能，关键在于找出敌人的优缺点，然后对症下药。

在谈判桌上，双方都希望最后的谈判结果有利于自己，也就是说，在还没有进入会谈的阶段之前，谈判双方在心中就已经有了一个大致的目标和方案。这个目标和方案就构成了谈判中的“焦点”，因此，谈判中最重要的，就是要把握好这个中心点，控制好谈判的进程，使之朝着有利于自己的方向发展。要想达到这个目的，我们要做的就是控制大局，但同时，也要关注细节，其中，敌人的优缺点就是我们要掌握的一个重要内容，这些细节有时候也关乎成败。

那么，我们怎样才能找出敌人的优缺点呢？

1.善听，引导对方多说。

常言说：“锣鼓听声，听话听音。”真正会听的人，会听出对方的“音”，然后作出正确的分析和判断，从而拿出应对的策略，因为这些都是否能实现谈判目的的关键。

因此，我们要想做一个善于社交，善于谈判的人，就要在无声中听出对方的优缺点，同时，还要引导对方多说，因为对方说得越多，对我们就越有利，对方说话时，不要打断对方，不要怕“冷场”。当对方有一种“言多有失”的警觉时，要尽力地“谆谆善诱”。

2.善于识破对方的谎言。

在大多数的商业谈判中，出于谈判制胜的考虑，双方都不会把谈判的机密全盘托出。这主要是出于自我防卫的考虑。在谈判中，如果你问“这真的是你能提供的最好条件吗？”这样的问题，答案总是“是的”。没有人会回答说：“这个嘛，实际上，不是这么回事。我只是希望你会这么想。”更好的策略是给对方留有托辞的余地。

所以，我们在倾听了对方的意见后，要从对方说话的神情、讲话的速度、声音的高低、说话的思维逻辑等方面，判断出对方的真实意图和所说之话的水分。关于这一点，我们必须炼就火眼金睛，抓住细微表情，因为很多时候，一个人无意识状态的表情和动作更反映他内心的真实想法。

3.多用技巧，采用迂回战术。

案例中的苏代采取的就是这种办法，但我们在谈判时，要用轻松的语言去交流，这样就不至于把谈判双方的神经搞得过于紧张，甚至引发谈判的僵局。说话时，还要瞻前顾后，不能顾此失彼，更不可前后矛盾，否则将会引起对方的猜疑而导致被动。

总之，与对手过招前，我们应该先做足准备工作，多了解对方，了解其优缺点，那么，对方一定会被你击败！

心理支招

从《孙子兵法》中，我们能得出这样的启示，我们要想在交际中找出对方的优缺点，就尽量不要按照对方的思路走。要千方百计把对方的思维方式引导到你的思维方式上来，然后，要学会根据具体形式采取相应的对策，取得社交的胜利！

时局变化时，要懂得把握机会

孙子曰：凡用兵之法，将受命于君，合军聚众。圮地无舍，衢地交合，绝地无留，围地则谋，死地则战。

这段话的意思是，孙子说：凡是用兵的法则，主将受领国君的命令，征集兵员编成军队，在“圮地”上不要驻止，在“衢地”上应结交诸侯，在“绝地”上不可停留，遇到“围地”要巧出奇谋，陷入“死地”就要殊死奋战。

这里，孙子认为，不同的战争局势，要采取不同的对策，这是正确的用兵法则。同样，生活中的我们也要明白，这个世界总是在不断地变化着，如果我们总是不愿意改变自己，那最终我们将被这个社会所淘汰。对于我们任何一个人来说，面对环境、形势的变化，一定要懂得变通，懂得转换思维，只要这样，才能把握机会，实现新的突破。

清末曾国藩一生仰慕者众多，但在为官之初却并不得志，直到太平天国运动，给了曾国藩实现人生抱负的机会，皇帝命他帮办团练，于是曾国藩回到湖南，明里是团练，暗里却是新军，虽不是清朝正式编制，一切由湘军自行招募，但培养了自己的嫡系部队。

其后，因为两次兵败靖港，羞愧愤极，曾国藩写下遗书，两次投水自尽，被部署救起。曾国藩后调整自己的心态，在禀报朝廷时以屡败屡战奏折上书，以表败而不馁气概，并在战争中一手拿起兵法，一手拾起教训，使湘军占有主动地位。

曾国藩强调无论是作战还是为官，都要择善而从，灵活变通。后来，曾国藩并没有自立为王，而是选择了辞官退隐，这更是一种变通的出世思想和智慧的哲学思想，这是因为如此，才使得他得以成就和保住功名，福禄两全。

我们都知道，在通往成功的道路上，处处都可能有被错过的良机，只有善于把握机会，哪怕是万分之一的机会，你的人生理想都有可能尽快实现。

的确，现实中，很多人都能发现机遇，但却不是每个人都能借助机遇的风帆取得一番成就。其中的原因就在于发现机遇的某个人是否懂得顺应时局变化，是否有争取机遇、抓住机遇和利用机遇的头脑。

牛仔裤的发明者李维·施特劳斯创立了著名品牌“levi’s”。1979年，李维公司在美国国内总销售额达13.39亿美元，国外销售盈利超过20亿美元，雄居世界10大企业之列，他由此成为最富有的牛仔裤大王。

李维斯年轻的时候，带着梦想前往西部追赶淘金热潮。一日，突然间他发现有一条大河挡住了他往西去的路。苦等数日，被阻隔的行人越来越多，到处是怨声一片。而心情慢慢平静下来的李维斯突然有了一个绝妙的创业主意——摆渡。由于大家急着过河，所以没有人吝啬坐他的船，迅速地，他人生的第一笔财富居然因大河挡道而获得。

渐渐地，摆渡生意开始清淡。李维斯决定继续前往西部淘金。来西部淘黄金的人很多，但卖水的人却没有，所以，水在这个地方成了最珍贵的东西。不久他卖水的生意便红红火火。后来，同行的人越来越多。终于有一天，在他旁边卖水的一个壮汉对他发出通牒：“小伙子，以后你别来卖水了，从明天早上开始，这儿卖水的地盘归我了。”他以为那人是在开玩笑，第二天仍然来了，没想到那家伙立即走上来，不由分说，便对他一顿暴打，最后还将他的水车也一起拆烂。李维斯不得不再次无奈地接受现实。然而当这家伙扬长而去时，他却立即又有了一个绝妙的好主意——把那些废弃的帐篷收集起来，洗干净后，缝制成衣服，那么一定会有人愿意买。就这样，他缝成了世界上第一条牛仔裤。从此，他一发不可收，最终成为举世闻名的“牛仔大王”。

尽管在世界著名服装设计师的名单中并没有李维·施特劳斯，但没有一位服装设计大师的作品能像牛仔裤那样遍及全世界，而且历久不衰。经过140多年的发展，李维公司已发展成为在世界10多个国家和地区开办了近40个生产经营机构的国际公司，年产牛仔裤超亿条。如今，世界上牛仔裤虽已出现众多品牌，但李维斯牛仔裤在世界70多个国家的销售量仍稳居第一。

可见，在漫长的人生旅途中，每一个人不能不面对变化，不能不面对选择。学会变通，不仅是做人之诀窍，也是做事之诀窍。那么，我们该怎样做到关注前沿信息、提高自己的思维变通能力呢?

1.关注前沿信息，更新观念。

我们要关注时事新闻，关注周围世界的变化，这样，你才能逐步更新自己观念和强化自己的变革意识。

2.学会变通，要有勇气应对变化。

勇气的作用就是调动起自己全部的能力去迎接变化和挑战。一个人想学会变通，首先必须鼓起勇气，勇气是人的一种非凡力量。它虽然不能具体地去处理某一个问题，克服某一种困难，但这种精神和心态却能唤醒你心中的潜能，帮助你应对一切变化和困难。

3.学会变通，要有信心开发潜能。

所谓信心，就是一种心态潜能。也就是说，你是一个充满信心的人，你有信心克服困难，有信心获得成功。那么，你身上的一切能力都会为你的信心去努力，你也就有可能成为你希望成为的那样；反之，如果你缺乏信心去努力，总以为自己没有能力去做这一切，那么，你的一切能力也就会随之沉寂，自然你就成为一个没有能力的人。

4.学会变通，要善于改变自己的思维定式。

人的思维方式，常常出现两大定式：一是直线型，不会拐弯抹角，不会逆向思维和发散思维；二是复制型思维，常以过去的经验为参照，不容易接受新鲜事物。

实践证明，不管你是觉察到还是没有觉察到，不管你是愿意还是不愿意，每个人时时刻刻都在寻求变通，所不同的是，善于变通的人越变越好，而不善于变通的人却越变越差。我们只要掌握了变通之道，就会应对各种变化，在变化中寻找到机会，在变化中取得成功。

心理支招

《孙子兵法》告诉我们每个人，如果你希望自己能适应现在的工作、生活乃至整个社会环境，你需要明白“适者生存”这个道理，要懂得适应时局，并要积极思考，随时调整自己。只有这样，才有可能抓住机遇！

避重就轻，寻找捷径

孙子曰：“故用兵之法，无恃其不来，恃吾有以待也；无恃其不攻，恃吾有所不可攻也。”

这段话的意思是，所以用兵的法则，不要寄希望于敌人不来打，而要依靠自己严阵以待，充分准备；不要寄希望于敌人不来进攻，而要依靠自己有使敌人无法攻破的充足力量和办法。

这里，孙子强调的是，行军打仗绝不能有侥幸心理，要做足准备，不要寄希望于一些不现实的因素。的确，我们也被长辈们教育：“做人做事都不能投机取巧、避重就轻。”的确，在人们眼里，避重就轻就是逃避重的责任，只拣轻的来承担。然而，在思维活动中，避重就轻却是平面思维的一个重要方面，找到思维的捷径往往能帮助人们节省时间和精力，那些能打破传统思维、根据自己的思维行动的人，往往也能走出一条不寻常的道路来。

实际上，“投机取巧”和“避重就轻”并不是同一个概念，避重就轻是强调人们在思维上应该跳出条条框框，应该追求最简单、最便捷的方式。现代社会，所有人与人之间的竞争都可以归结为头脑的竞争，也就是思维。因为它不仅会催生出创意，指导实施，更会在根本上决定成功。而更让我们意识不到的是，思维决定行动，我们做事的效能如何，也取决于我们的思维活动。

任何一个人，无论做什么事，要想改变和优化结果，首先就要从改变你的思维开始。而我们在寻找解决问题时往往倾向于把事情考虑得过于复杂化，其实事情本质是很单纯的。表面看上去很复杂的事情，其实也是由若干简单因素组合而成。

卡曾斯说："把时间用在思考上是最能节省时间的。"这是一句非常有哲理的话。通俗的说法是做事要动脑子，对一件事情分析认识得不透彻，就很难找到正确的方法，不能对症下药，自然就无法在最短的时间内到达目的地，可以说思考是调高效能唯一的捷径，为此，在我们的工作和生活中，我们每个人都应该养成多动脑的习惯，从而以最快的速度解决问题。

有这样一个有奖征答活动，题目是：一次，三个人一起坐热气球旅行，这三个人都是关系人类命运的科学家。第一位是核子专家，他有能力防止全球性的核子战争，使地球免于遭受灭亡的绝境。第二位是环保专家，他可以拯救人类免于因环境污染而面临死亡的厄运。第三位是粮食专家，他能在不毛之地种植粮食，使几千万人脱离饥荒而亡的命运。但旅行到一半旅程，却发现热气球充气不足。就在那一刻，热气球即将坠毁，必须丢出一个人以减轻载重，使其余的两人得以存活，请问该丢下哪一位科学家？

因为奖金数额庞大，征答的回信如雪片飞来。每个人都竭尽所能地阐述他们认为必须丢下哪位科学家的见解。最后，结果揭晓，巨额奖金的得主是一个小男孩。他的答案是：将最重的那位丢出去。

我们在赞叹小男孩的答案时，也不难得出这样一个结论：任何复杂的现象，其复杂的也只是表面，其实都有它一般性的规律，都可以找到简单的分析、处理方式。这就是化繁为简的过程，这个过程需要简单，就是找寻规律，把握关键。

我们可以承认的一点是，几乎人人都有自己的梦想，但最终能实现的人并不多，一些人满腔热血，制订了详细的施行计划，更勇于执行，但却处处碰壁，最终未能实现目标；也有一些人发现，追求梦想和实现目标的过程实在太艰难，他们甚至产生了放弃的念头，而其实，之所以出现这两种情况，是因为他们束缚了自己的思维，有时候，只要你能化繁为简，是能找到通往成功的捷径的。

在美国乡村，有个老头和他的儿子相依为命。

一天，一个人找到老头说要将他的儿子带去城里工作，老人愤怒地拒绝了这个人的要求。这个人又说："如果你答应我带他走，我就能让洛克菲勒的女儿成为你的儿媳，你看怎么样？"老头想了又想，终于被让儿子能当"洛克菲勒的女婿"这件事情说动了。这个人精心打扮后，找到了美国首富、石油大王洛克菲勒，对他说："尊敬的洛克菲勒先生，我想给你的女儿找个对象。"洛克菲勒说："快滚出去吧！"这个人又说："如果我给你女儿找的对象是世界银行的副总裁呢？"于是洛克菲勒同意了。最后，这个人找到了世界银行总裁，对他说："尊敬的总裁先生，你应该马上任命一个副总裁！"总裁先生摇着头说："不可能，这里这么多副总裁，我为什么还要任命一个副总裁呢，而且必须马上？"这个人说："如果你任命的这个副总裁是洛克菲勒的女婿呢？"总裁立刻答应了。

在这个人的努力下，那个乡下小子不但娶到了洛克菲勒的女儿，也成了世界银行的副总裁。

这是一个财富故事，苏格拉底说过，真正高明的人，就是能够借助别人的智慧，来使自己不受蒙蔽，那个乡下小子之所以能成为世界银行的总裁，还能娶到克洛菲勒的女儿，就是因为他找到了通往成功的捷径，让他由一个穷苦的乡下人摇身一变成为众人羡慕的贵族。

事实上，生活中，很多人之所以在某些事情上失败，就是因为他们一直在做无用功。如果你也是个不爱动脑的人，那么，你不妨试着学会思考，你就会发现积极思考的惊人力量，任何困难和失败均能通过它来解决，即使是那些杂乱无章的事情，只要你运用思考的力量，就会将它们一一捋顺。思考不是"无用功"的代名词，而是"节能、省力"的法宝，因为能以积极的思维去摆脱困

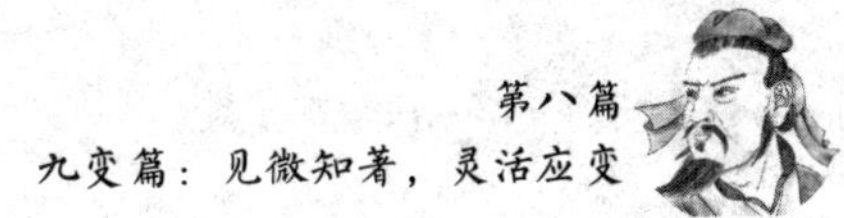

境，化解难题。

心理
支招

面对看似杂乱无章的事情，只要你能开动大脑，跳出习惯的思维框框，就能抓住问题的实质，就会得出异乎寻常的答案。

耐心等待，别让急躁坏了大事

孙子曰："忿速，可侮也。"

这句话的意思是，急躁易怒，一触即跳，就可能受敌凌辱而妄动。

这里，孙子提出了"将有五危"，其中一危就是"忿速"，也就是急躁易怒。这是一大致命弱点，与敌军交战，沉不住气，很容易作出不理智的决策，让自己陷入被动状态。孙子这句话告诉我们，一个人如果戒不掉急躁的毛病，就会麻烦不断。的确，可能在外面每个人的内心，似乎总有一种力量使我们茫然不安，让我们无法宁静，这种力量就是急躁，急躁的表现是急于求成，它是成功、幸福和快乐最大的敌人，急躁的人往往内心焦虑，自寻烦恼。

从某种意义上讲，急躁不仅是人生最大的敌人，而且还是各种心理疾病的根源，它的表现形式呈现多样性，已渗透到我们的日常生活和工作中。的确，对生活过于焦虑的人，生活越不会积极回馈他；太想成功者，只会与成功与无缘；太想赢的人，最后往往很难赢。太想到达目标的人，往往不容易到达目标，过于焦虑就是自找烦恼，事情的成败与否往往不是以我们的意志为转移的，欲速则往往不达，凡事不可急于求成。相反，淡然处之，并持之以恒，那么，成功的概率则会大大增加。

一位少年，他一心想早日成名，于是拜一位剑术高人为师。他迫不及待地问师傅多久才能学成，师傅答曰："十年。"少年又问如果他全力以赴，夜以继日要多久。师傅回答："那就要三十年。"少年还不死心，问如果拼死修炼要多久，师傅回答："七十年。"

这里，少年学成并非真的要七十年，师傅之所以如此回答，是因为他看到了少年的心态，少年可谓是不惜一切想尽快成功，但没有平和的心态，势必会以失败告终。渴望成功、努力追求都没有错，但渴望一夜成名的心态反而会使人欲速则不达。

我们要记住，任何一个人，要想有一番成就，或者做成一件事，都需要有踏实务实的品质。如果我们能安下心来认真做一件事情，就没有做不好的。

其实，不光是这个少年，在现实生活中，这些急功近利者也不鲜见，他们凡事追求速度，以至于他们经常在做一件事时还没开始就结束了。急于求成，心态浮躁，往往不会注意做事的品质而常把最简单、最普通的事做砸，何况富有挑战性的大事呢？

从前，宋国有个农民，他做事总是追求速度。因此，对于田间的秧苗，他总觉得长得太慢，于是，他闲来无事时，就会到田间转悠，然后看看秧苗长高了没有，但似乎秧苗的长势总是令他失望。用什么办法可以让苗长得快一些呢？他思索半天，终于找到一个他自认为很好的办法——我把苗往高处拔拔，秧苗不就一下子长高了一大截吗？说干就干，他就动手把秧苗一棵一棵拔高。他从中午一直干到太阳落山，才拖着发麻的双腿往家走。一进家门，他一边捶腰，一边嚷嚷："哎哟，今天可把我给累坏了！"

他儿子忙问："爹，您今天干什么重活了，累成这样？"

农民扬扬自得地说："我帮田里的每棵秧苗都长高了一大截！"他儿子觉得很奇怪，拔腿就往田里跑。到田边一看，糟了！早拔的秧苗已经干枯，后拔的也叶儿发蔫，耷拉下来了。

揠苗助长，愚蠢之极！每一棵植物的成长都是需要一个过程的，需要我们每天辛勤地浇灌、耕耘等，才能获得成果。每一个生命的成长也如此，千万不要违背规律，急于求成，否则就是欲速则不达。

事实上，任何一种本领的获得、一个人生目标的达成都不是一蹴而就的，而是需要一个艰苦历练与奋斗的过程，正所谓“梅花香自苦寒来，宝剑锋从磨砺出”，我们做任何事都应该本着踏实的原则，一步一个脚印，才能走向成功，因此，任何急功近利的做法都是愚蠢的，急于求成的结果，只能适得其反，结果只能功亏一篑，落得一个拔苗助长的笑话。

当然，要做到自制，不是件容易的事，要循序渐进，切不可急躁。每天给自己制定一个强于昨天的目标，只要达到就是成功，这样会在不知不觉中提高。有以下一些建议，可供参考：

1.做事情要先思考，后行动。

要想把事情做到最好，你心中必须有一个很高的标准，不能是一般的标准。在决定事情之前，要进行周密的调查论证，广泛征求意见，尽量把可能发生的情况考虑进去，以尽可能避免出现1%的漏洞，直至达到预期效果。

比方出门旅行，要先确定目的地与路线；上台演讲，应先准备讲演稿。在做事之前，你可以经常问自己这样一些问题：“为什么做？做这个吗？希望什么结果？最好怎样做？”并要具体回答，写在纸上，使目的明确，言行、手段具体化。

2.做事情要有始有终。

不焦躁，不虚浮，踏踏实实做每一件事，一次做不成的事情就一点一点分开做，积少成多，积沙成塔，累积到最后即可达到目标。

3.稳定情绪。

用合理发泄、注意力转移、迁移环境等方法，把将要引发冲动的情绪宣泄和释放出来，保持情绪稳定，避免冲动。

4.要强化自我意识。

遇事要沉着冷静，自己开动脑筋，排除外界干扰或暗示，学会自主决断。要彻底摆脱那种依赖别人的心理，克服自卑，培养自信心和独立性。

5.有针对性地“磨炼”。

你可以采取一些措施，有针对性地“磨炼”自己的浮躁心理，如练习书法，学习绘画，弹琴，解乱绳结，下棋等，有助于培养自己的耐心和韧性。

总之，我们若要做到自制、改变急躁的特质，不是件容易的事，要循序渐进。每天给自己制定一个强于昨天的目标，只要达到就是成功，这样会在不知不觉中提高。

心理支招

任何一件事，从计划到实现的阶段，总有一段所谓时机的存在，也就是需要一些时间让它自然成熟的意思。假如过于急躁而不甘等待的话，经常会遭到破坏性的阻碍。因此，无论如何，我们都要有耐心，压抑那股焦急不安的情绪，才不愧是真正的智者。

不要试图让所有人都喜欢你

爱民，可烦也。

溺爱民众，就可能被敌烦扰而陷于被动。

孙子这句话是“将有五危”中的“一危”，意指作为将领要有自己的主见，不要过多在意外界的声音而让自己陷入烦恼的境地，同样，对于生活中的我们来说，也当有所启示，我们在面对他人的偏见和不喜欢时，要摆正自己的心态，正如他说的另一句话一样：“聪明的人只要能掌握自己，便什么也不会失去。”诗人但丁也曾说：“走自己的路，让别人去说吧。”的确，即使再完美，做得再周到，也不可能让所有人对我们满意，与其这样，我们不如坦然接受他人的不喜欢。

我们都知道，把事情做好的方法有很多，但首要的一条就是“不要试图把所有的事情都做好”；处理人际关系的准则也有很多，但最重要的一条是：“不要试图让所有人都喜欢你。”因为这不可能，也没必要。

美国前任国务卿鲍威尔这样总结自己的为人处世之道，与两千年前的孔子有异曲同工之妙：“你不可能同时得到所有人的喜欢。”世界上确实有不少人，你越是努力和他结交，努力给他帮忙，他越是不把你放在眼里；反之，如果你做出成绩了，又不狂妄自大，自然能赢得别人的敬重。

有人问孔子："听说某人住在某地，他的邻里乡亲全都很喜欢他，你觉得这个人怎么样？"

孔子答道："这样固然很难得，但是在我看来，如果能让所有有德操的人都喜欢他，让所有道德低下的人都讨厌他，那才是真正的君子呢。"

那些真正的成功者多半都是特立独行的，他们从不奢求让让所有人喜欢他们，在他们追求成功的道路上，他们也听到了一些他人的闲言碎语，但他们始终坚持做自己，坚持自己的信念，最终，他们成功了。因此，生活中的我们也要学会明白一个道理：让所有人都喜欢我们是很不成熟的想法，不必委曲求全、做好自己，你才能获得快乐。

元朝有个著名的学者，叫许衡。在他身上曾经发生过这样一个故事：

有一次，他跟着一群小朋友到荒郊野外去游玩、嬉戏。大家都玩得很开心、很疯狂，不一会儿，因为天热，这群孩子就觉得口渴了，这个时候，他们刚好看见路旁有一棵梨树，于是，大家便争相前去抢食梨子以解渴。

当大家吃得津津有味、口水直流的时候，忽然发现只有许衡安安静静地坐在树下，并没有参加抢梨大战。

有些孩子觉得奇怪，大家吃梨解渴，很是开心，为什么单单就许衡一个人不去摘梨呢？有人问他，他却淡淡地回答说："不是自家的东西，不能随便摘。"

许衡这么说，大家都不以为然，直觉得扫兴，还纷纷回嘴说："现在是什么时期？兵荒马乱，许多人家死的死、逃的逃，这只不过是一棵没有主人的梨树而已，为什么不能摘来吃？不吃白不吃，未免太傻了吧！"

许衡有点恼怒，立刻一本正经地回答说："这棵梨树或许真的没有主人，可是我们的心，难道也没有个主张吗？一定要随心所欲偷吃不属于自己的东西吗？"

许衡的做法是对的，一个人，活着就必须要活出自我，要有自己的主张，这样才能维持一个人的格调。一般人都只有"偏见"，而少有"主张"，尤其是自己独一无二的“主张”，所以难有吸引人的“特质”。

我们必须承认，我们要想获得成功，就需要他人的支持和喜欢，但我们还必须明白，即使你做得再完美无缺、也没有招惹任何人，仍然会有人看不惯你，仍然会有很多不利于你的传言。对某些心胸比较狭隘的人来说，你不需要招惹他，你在某方面比他优秀，这就已经招惹他了。

有一天，在拥挤喧闹的百货大楼里，一位女士愤怒地对售货员说：“幸好我没有打算在你们这儿找‘礼貌’，在这儿根本找不到！”

售货员沉默了一会儿说：“你可不可以让我看看你的样品？”

那位女士愣了一下，笑了。售货员的幽默打破了他们之间的尴尬局面。

可见，事情弄得很紧张、很严重的时候，如果我们能大度一点，放下对方不快的言语对我们造成的伤害，便可巧妙地避免麻烦和纠纷。如果那位售货员对于争吵也采取一种较真的态度，那对于大家又有什么好处呢？无非更加激化双方的矛盾。正因为意识到这一点，这位售货员巧妙地批评了那位女士的无礼，从而制止了进一步的争论。

其实，人生，只要不存在原则上的对立，就没必要战争，没必要硝烟，没必要对抗，更没必要老死不相往来。人生需要更多的智慧，人生也必须有智慧能力解决问题。不以消灭对方或简单暴力结束彼此关系，可以给自己和冲突方最大的回旋余地，何乐而不为？比如，对待一个长舌妇，以牙还牙就失去了身份。一笑而过、沉默不语也未必不是一种很好的还击方法，必将使之气滞羞愧。

但其实反过来一想，无论你怎么做人做事，总是有人欣赏你，让所有人喜欢是件不可能的事，想让所有人讨厌也不那么容易。你绝对不能因此而生气，更不能大动肝火，如果真这样，那么，你只能越描越黑，让他人产生很多无端的猜忌。另外，你也会因为这些空穴来风的话而大伤脑筋。其实，如果你能懂得放下的智慧，凡事不作过多的解释，那么，这便是最好的证据和回击的武器。

心理支招

人活于世，就难免会被人评论，其中当然也有一些是语言上的伤害，而其实，如果我们能迷糊一点，视而不见，那么，对方必当会因为我们的以德报怨而心生惭愧，进而感念我们的宽容和大度，被我们的胸怀所折服。

第九篇　行军篇：察微知情，文武兼施

《行军篇》是《孙子兵法》的第九篇，讲的是如何在行军中宿营和观察敌情，并且指出作为军队将领治军要文武兼施、宽严结合，只有培养出有战斗力的精锐兵力，才能击败敌人、获得成功。现代社会的企业管理者和领导们，也要明白，任何一个领导者进行各项工作，离开下属的支持都是无法开展的，而如何调动员工积极性就成了困扰管理者的问题，在本章中，孙子会告诉你答案。

行军篇——谨慎观察，小心应战

孙子曰：凡处军相敌：绝山依谷，视生处高，战隆无登，此处山之军也。绝水必远水；客绝水而来，勿迎之于水内，令半济而击之，利；欲战者，无附于水而迎客；视生处高，无迎水流，此处水上之军也。绝斥泽，惟亟去无留；若交军于斥泽之中，必依水草而背众树，此处斥泽之军也。平陆处易，而右背高，前死后生，此处平陆之军也。凡此四军之利，黄帝之所以胜四帝也。

凡军好高而恶下，贵阳而贱阴，养生而处实，军无百疾，是谓必胜。丘陵堤防，必处其阳，而右背之。此兵之利，地之助也。

上雨，水沫至，欲涉者，待其定也。

凡地有绝涧、天井、天牢、天罗、天陷、天隙，必亟去之，勿近也。吾远之，敌近之；吾迎之，敌背之。

军行有险阻、潢井、葭苇、山林、蘙荟者，必谨覆索之，此伏奸之所处也。

敌近而静者，恃其险也；远而挑战者，欲人之进也；其所居易者，利也。

众树动者，来也；众草多障者，疑也；鸟起者，伏也；兽骇者，覆也；尘高而锐者，车来也；卑而广者，徒来也；散而条达者，樵采也；少而往来者，营军也。

辞卑而益备者，进也；辞强而进驱者，退也；轻车先出居其侧者，陈也；无约而请和者，谋也；奔走而陈兵车者，期也；半进半退者，诱也。

杖而立者，饥也；汲而先饮者，渴也；见利而不进者，劳也；鸟集者，虚也；夜呼者，恐也；军扰者，将不重也；旌旗动者，乱也；吏怒者，倦也；粟马肉食，军无悬缻，不返其舍者，穷寇也；谆谆翕翕，徐与人言者，失众也；数赏者，窘也；数罚者，困也；先暴而后畏其众者，不精之至也；来委谢者，欲休息也。兵怒而相迎，久而不合，又不相去，必谨察之。

兵非益多也，惟无武进，足以并力、料敌、取人而已。夫惟无虑而易敌者，必擒于人。

卒未亲附而罚之，则不服，不服则难用也。卒已亲附而罚不行，则不可用也。故令之以文，齐之以武，是谓必取。令素行以教其民，则民服；令不素行以教其民，则民不服。令素行者，与众相得也。

这部分的意思是：

孙子说：军队在行军作战和观察判断敌情的过程中，应该注意：在穿过山地时，要靠近有水草的谷地；停下来安营扎寨的话，则要选择“生地”，位置高且向阳；如果敌人盘踞在高，不要仰攻。这些是军队在山地行军作战的作战原则。横渡江河，驻扎部队要在离江河稍远的地方；而敌人渡河攻击的话，不要在江河中迎击，而要趁着对方在一部分已经渡过河，一部分还未渡过的情况下予以攻击，这样比较有利；如果要与敌军交战，那就不要靠近江河迎击它；在江河地带驻扎，也要居高向阳，一定要记住，千万不能在敌军下游低洼地驻扎或者布阵。这些是在江河地带行军作战的作战原则。如果要穿过盐碱沼泽地带，要迅速离开，不宜停留；如在盐碱沼泽地带与敌军相遇，那就要迅速占领有水草而靠树林的地方。这些是在盐碱沼泽地带行军作战的作战原则。在平原地带驻军，要选择地势平坦的地方，最好能背靠高处，前低后高。这些是平原地带行军作战的作战原则。以上四种“处军”原则的好处，是黄帝之所以能够战胜“四帝”的重要原因。

大凡驻军，总是喜好干燥的高地而厌恶潮湿低洼的地方，要求向阳，回避阴湿，驻扎在便于生活和地势高的地方，将士就不至于发生各种疾病，这是军队取胜的一个重要条件。丘陵、堤防驻军，必须驻扎在向阳的一面，并且要背靠着它。这些对于用兵有利的措置是得自地形的辅助。

河流上游下暴雨，看到水沫漂来，要等水势平稳以后再渡，以防山洪暴至。

凡是遇到“绝涧”“天井”“天牢”“天罗”“天陷”“天隙”等地形，必须迅速避开而不要靠近。我远离它，让敌军去接近它；我面向它，让敌军去背靠它。

军队在山川险阻、芦苇丛生的低洼地，草木繁茂的山林地区行动，必须仔细反复地搜索，因为这些都是容易隐藏伏兵和奸细的地方。

敌军离我很近而仍保持镇静的，是倚仗它据有险要的地形；敌军离我很远而又来挑战的，是企图诱我前进；敌军之所以不居险要而居平地，定有它的好处和用意。

树林里很多树木摇动的，是敌军向我袭来；在草丛中设有许多遮蔽物的，是敌人企图迷惑我；鸟儿突然飞起，是下面有伏兵；走兽受惊猛跑，是敌人大举来袭。飞尘高而尖的，是敌人战车向我开来；飞尘低而广的，是敌人步卒向我开来；飞尘分散而细长的，是敌人在打柴；飞尘少而时起时落的，是敌军察看地形，准备设营。

敌方使者言词谦卑而实际上又在加紧战备的，是要向我进攻；敌方使者语词强硬而军队又向我进逼的，是准备撤退；敌战车先出并占据侧翼的，是布列阵势，准备作战；敌方没有预先约定而突然来请求议和的，其中必有阴谋；敌方急速奔走并展开兵车的，是期求与我交战；敌军半进半退的，可能是伪装混乱来引诱我。

敌兵倚仗手中的兵器站立的，是饥饿缺粮；敌兵从井里打水而急于先饮的，是干渴而缺水；敌人见利而不前进的，是由于疲劳过度。敌方营寨上有飞鸟停集的，说明营寨已空虚无人；敌营夜间有人惊呼的，说明敌军心里恐惧；敌营纷扰无秩序的，是其将帅没有威严；敌营旌旗乱动的，是其阵形混乱；敌官吏急躁易怒，是敌军过度困倦。敌人用粮食喂马，杀牲口吃，收起炊具，不返回营寨的，是“穷寇”；敌兵聚集一起私下低声议论，是其将领不得众心；再三犒赏士卒的，说明敌军已没有别的办法；一再重罚部属的，是敌军陷于困境；将帅先对士卒凶暴后又畏惧士卒的，说明其太不精明了；敌人借故派使者来谈判的，是想休兵息战。敌军盛怒前来，但久不接战，又不离去，必须谨慎观察其企图。

打仗不在于兵力越多越好，只要不轻敌冒进，并能集中兵力，判明敌情，也就足以战胜敌人了。那种无深谋远虑而又轻敌妄动的人，势必成为敌人的俘虏。

将帅在士卒尚未亲近依附时，就贸然处罚士卒，那士卒一定不服，这样就难以使用他们去打仗了；如果士卒对将帅已经亲近依附，仍不执行军纪军法，这样的军队也是不能打仗的。所以，要用"文"的手段即用政治道义教育士卒，用"武"的方法即用军纪军法来统一步调，这样的军队打起仗来就必定胜利。平素能认真执行命令、教育士卒，士卒就能养成服从的习惯；平素不认真执行命令、教育士卒，士卒就会养成不服从的习惯。平素之所以能认真执行命令，是由于将帅与士卒相互取得信任的缘故。

心理支招

《行军篇》是《孙子兵法》第九篇，讲的是如何在行军中宿营和观察敌情，本篇中，孙子详细分析了该如何根据敌军的状态来判断其目的和接下来的举动，对于后世的战争计划有很好的指导意义。

心眼明亮，了解其真实意图

辞卑而益备者，进也；辞强而进驱者，退也；轻车先出居其侧者，陈也；无约而请和者，谋也；奔走而陈兵车者，期也；半进半退者，诱也。

这段话的意思是，敌方使者言词谦卑而实际上又在加紧战备的，是要向我进攻；敌方使者语词强硬而军队又向我进逼的，是准备撤退；敌战车先出并占据侧翼的，是布列阵势，准备作战；敌方没有预先约定而突然来请求议和的，其中必有阴谋；敌方急速奔走并展开兵车的，是期求与我交战；敌军半进半退的，可能是伪装混乱来引诱我。

这里，孙子分析了几种敌人的状态背后的真实意图，旨在告诉将领们行军打仗要心眼明亮，不被敌人迷惑。

同样，生活中的人们，也要借鉴孙子的“识人法”。中国有句俗语：“人心隔肚皮，人心莫测。”人与人交往的时候，更是处处设防，以免上当受骗。特别是对一些老于世故的人，喜怒不形于色，还有一些人，从其语言中我们完全判断不出其诚伪，为此，我们与人打交道的时候，更要懂得用心揣度，要懂得观察对方的细小举动，做到火眼金睛，一眼就洞察他人的内心世界。

战国时期的韩昭侯为了试探人心，在剪指甲的时候，故意将一片剪下的指甲屑放在手中，然后命令近侍：“我刚剪下的指甲屑不见了，心里毛毛的，很不舒服，快点帮我找出来。”众人手忙脚乱地找了一阵之后，谁也没找到。这时，有一位近侍偷偷剪下自己的指甲呈上，禀报说找到了。韩昭侯由此发现他是一个会说谎的人。

又有一次，韩昭侯命令属下四处巡视，察看是否有事发生。不一会儿，属下回报说：“南门之外，有牛进入旱田偷吃了谷苗。”韩昭侯听完之后，命令报告的人不准泄露这个消息，然后派遣其他的人出外巡视，并且告诉他们：“近来发现有违反禁令，让牛马牲畜践踏旱田的行为，你们速去探知，快来回报。”

不久之后，所有的调查报告都呈了上来，但其中并没有一件是关于南门外事件的报告，韩昭侯于是大发雷霆，命令属下重新严加调查，终于查出了南门外发生的事件。从此，属下都畏惧韩昭侯料事如神的能力，再也不敢马虎从事了。

魏武侯曾问吴起大将军：“和敌军对阵之时，如果不明敌情，应该采取什么策略？”吴起回答说：“应该采取诱敌之策，当两军交锋的时候，我们先虚应一下，然后退下阵来，借机观察敌军反应。如果敌军依然阵容严整，不轻易追赶的话，表示敌军将领很有智慧；相反，如果他们一点儿也没有纪律地追赶的话，就显示出这个将领是愚笨无能的。”通常情况下，我们观察其行动和言语就可以了解其内情。不过，假如对方一直没有行为表现，我们就不能一直被动地等待下去，必须积极地采取行动，诱使对方有所行动之后，再加以观察，以明辨真伪或控制他人。

我们再来看看下面这一场景：

客户："我看我还是不买了，我刚在隔壁商场买过一套差不多的。"这位小姐还是放下了刚刚试过的一套化妆品，挑选了很久的她终于停下了脚步。为其介绍产品的是销售员小李，小李听到客户这样说，并没有放弃推销，因为她发现了一个很小的细节：客户在说这句话的时候，下意识地用手遮住了嘴，学过销售心理学的她明白，客户其实并没有说真话，而同时，客户进店后并没有再看其他产品，这更让小李确信自己的判断。

于是，她尝试着问："小姐，您是不是觉得这款护肤品贵了呢？"

客户："是有点贵。"

小李："那您认为贵了多少钱呢？"

客户："至少贵了500元吧。"

小李："小姐，您认为这套化妆品能用多久呢？"

客户："这个嘛，我比较省，怎么也要用半年吧。"

小李："如果用原来牌子的化妆品，要用多久呢？"

客户："原来那个两个月要买一套吧，因为效果不太明显。"

小李："这样吧，您看原来那个牌子的化妆品是200元一套，可以用两三个月，我们按照三个月计算，您半年需要花400元，但是小姐，实不相瞒，我们这种化妆品如果您用得比较省，至少可以用一年，这是所有客户共同得出的经验，由于它赋含的营养成分比较多，所以只要稍微用一点，就可以了。"

客户："真的是这样的吗？"

小李："这是我的客户共同的见证。这个周末您有时间吗？我已经约了所有客户举行一个联谊，希望您也能参加。"

客户："这样啊，好，我相信其他女孩子的眼力……"

这则案例中，我们发现，化妆品推销员小李的销售方法值得我们学习，这里，她之所以能判定出客户的反对意见"我看我还是不买了，我刚在隔壁商场买过一套差不多的。"并非真实想法，是因为她观察到客户的一个细节动作：

下意识地用手遮住了嘴，一般来说，这是人们没有说实话的表现。

行为心理学家认为，我们不仅可以从一个人的面部表情识别其话语的真实性，更可以通过其肢体动作看出其话语的真实性。因为说谎是一种复杂的行为，要做到让人相信，需要动员全身的器官共同“演戏”。一般来说，无论一个人的说谎技术如何高明，为了掩盖谎言，他都会无意中做出一些小动作，因此，善于观察的人，光看一个人的动作就可以断定对方是否诚实。

的确，人们所表现最显著、最难掩的部分，不是语言，而是下意识行为。人人都会说谎，但世界上没有不能被看穿的谎言。因为人在说谎的时候，出于心理因素异常，他们常常会辅之以动作。通过这些动作，我们往往可以阅读说谎者的心理状况。

心理支招

人都是善于伪装的动物，每个人都生活在一个伪装的世界里。无论我们接受与否，这一点都是客观存在的。而聪明的人在识人察人方面不会只听交往对方的语言，而是还会观其动作、眼神，懂得从细微处揣度对方，以此来确定自己的交往策略。

选人用人，德才并重

令素行者，与众相得也。

这句话的意思是，平素之所以能认真执行命令，是由于将帅与士卒相互取得信任的缘故。

这里，孙子指出，将领要想让士卒有高的执行力，需要在平日培养信任。的确，军队的战斗力如何，还在于士兵的执行力，而现代社会的管理者们也可以从孙子这句话中获得启示，在企业管理中，要重视员工的素质，而选人用人是第一关，那么，如何选人用人呢？在《曾文正公全集》中，有这样一段话：“余谓德与才，不可偏重。譬之于水，德在润下，才即其载物溉田之用；譬之于木，德在曲直。才即其舟楫栋梁之用。德若水之源，才即其波澜；德若木之根，才即其枝叶。德而无才以辅之，则近于愚人；才而无德以主之，则近于小人。世人多不甘以愚人自居，故自命每愿为有才者，世人多不欲与小人为缘，故观人每好取有德者。大较然也。二者既不可兼，与其无德而近于小人，毋宁无才而近于愚人。自修之方，观人之术，皆以此为冲可矣。”

在这段文字中，曾国藩在谈论了他对德才之间相互关系的看法——德好比是水的根源，而才好比是水的波澜。水无根不流，无波不兴。所以，曾国藩认为，选人用人，都要德才并重。

曾国藩认为，选人用人，重在德，德才不可偏废，曾国藩也一直以这一标准来选拔人才的。他认为，对于人才的道德标准，大致可以归结为三点：朴实、无私、忠诚，落实到具体行为中，他又提出了四种德行准则：勤、恕、廉、明。曾国藩认为，一个品德不好的人，即使才华再出众，也有可能会做出违背伦理纲常的事，是不能被重用的。

事实上，现代社会，我们依然看到不少领域的人运用这一思想——“德才并重”、“教育为先”来挑选人才。各大企事业的管理者不但注重对员工进行德操教育，更把德行作为聘用人才的第一标准。

一个企业管理者说：“如果你能真正地钉好一枚纽扣，这应该比你缝制出一件粗制的衣服更有价值。”这就是一个人的德操在工作中的重要性。责任，忠诚负责地对待自己的工作，无论自己的工作是什么，重要的是你是否做好了你的工作。

我们再来看下面一个故事：

爱丽丝和琼是某古董店的店员。她们不仅仅是工作上的好伙伴，还是生活中的好朋友。她们工作一直都很认真，也很卖力。古董店的老板对自己手下这两名员工都很满意，然而一件事却改变了两个人的命运。

一次，爱丽丝和琼要负责把一件名贵古董送到码头，出发前，老板反复叮嘱他们要小心。没想到，送货车开到半路却坏了。于是，她们决定，赶紧找个出租车。

幸好，她们赶到码头，时间还早，这时候，爱丽丝先下车，她让琼帮住她把古董从车上卸下来。琼这时候心里在想，如果客户能将护送古董一事告诉老板，说不定还会给我加薪呢。她只顾想，当爱丽丝把古董递给她的时候，她却没接住，古董掉在了地上，“哗啦”一声，古董碎了。

“你怎么搞的，我没接你就放手。”琼大喊。“你明明伸出手了，我递给你，是你没接住。”爱丽丝辩解道。

爱丽丝和琼都知道，古董打碎了意味着什么。没了工作不说，可能还要背负着沉重的债务。果然，老板对她俩进行了严厉的批评。

“老板，不是我的错，是爱丽丝不小心弄坏的。”琼趁爱丽丝不注意，偷偷来到老板的办公室，对老板说。老板平静地说：“谢谢你琼，我知道了。”

随后，老板把爱丽丝叫到了办公室。“爱丽丝，到底怎么回事？”爱丽丝就把事情的原委告诉了老板，最后爱丽丝说“这件事情是我们的失职，我愿意承担责任。另外，琼的家境不太好，如果可能的话，她的责任我也来承担。我一定会弥补上我们的损失的。”

爱丽丝和琼一直等待处理的结果，但是结果很出乎他俩的意料。

老板把爱丽丝和琼叫到了办公室。老板对她俩说：“公司一直对你俩很器重，想从你俩当中选择一个人担任客户部经理，没想到却出了这样一件事情，不过也好，这会让我们更清楚哪一个人是合适的人选。”琼暗喜，“一定是我了”。

“我们决定请爱丽丝担任公司的客户部经理，因为，一个能够勇于承担责任的人是值得信任的。爱丽丝，用你赚的钱来偿还客户。琼，你自己想办法偿还给客户，对了，你明天不用来上班了。”

“老板，为什么？”琼问。

“其实，古董的主人已经看见了你俩在递接古董时的动作，他跟我说了他看见的事实。还有，我也看到了问题出现后你们两个人的反应。”老板最后说。

的确，任何一个领导者都清楚，能够勇于承担责任的员工，能够真正负责任的员工对于企业的意义。问题出现后，推诿责任或者找借口，都不能掩饰一个人责任感的匮乏。如果你想这么做，那么，可以坦率地说，这种借口没有什么作用，而且会让你的责任感更为缺乏。

的确，我们发现，那些有“德”的人，在工作中出现失误的时候，不会给自己找理由推托，相反，那些责任心不强的人则会为自己推诿责任、搪塞敷衍、找借口为自己开脱。

其实，人难免有疏忽的时候，没有谁能做得尽善尽美，这是可以理解的。但是，如何对待已经出现的问题，就能看出一个人是否能够勇于承担责任。

可见，一个人的道德是才华的滋养剂，有充分的道德浸润，人的才华恰如汩汩而出的泉水，永不衰竭。所以，选拔人才时，固然应该看重人才的知识才能，也就是用人以术，还应该看重人才的道德品质，也就是所谓的用人以道。

心理支招

道德品质是选用人才的第一标准，选用人才应该德才兼备，空有才华而无德之人最终无法站住脚。

明确目标，部署到位

令素行以教其民，则民服；令不素行以教其民，则民不服。

平素能认真执行命令、教育士卒，士卒就能养成服从的习惯；平素不认真执行命令、教育士卒，士卒就会养成不服从的习惯。

孙子这里强调的是将领的严格管理对军队士卒作战能力的重要作用，的确，将领是军队的核心，只有注重平日里的教育和训练，才会训练出有素质和有战斗能力的士兵。同样，这一点，现代社会的领导者和管理者们也当受到启示，管理需要我们有一定的战略眼光，懂得部署。只有明确目标，我们的管理工作才更有方向和成效。相信我们都有这样的感慨：工作中如果我们找不到准则和目标，那就无法对自己的工作产生信心，也无法全神贯注。为此，作为管理者，我们在管理工作中，也要为自己和员工的工作设定一个明确的目标。只有这样，无论是我们自身还是员工，才能更有工作动力和效率。

我们先来看下面一个寓言故事：

从前，有一个小和尚，他在寺庙里的任务就是撞钟，半年过去了，小和尚还是和刚开始一样重复着每天的工作，但他觉得无聊之极。

有一天，寺庙方丈对小和尚说："从今天起，你不用撞钟了，去寺庙后院劈柴吧，我觉得这个工作不适合你。"小和尚很不服气地问："为什么？我撞的钟难道不准时，不响亮？"

老住持耐心地告诉他："钟声是要唤醒沉迷的众生，你撞的钟虽然很准时，但钟声空泛、疲软，缺乏浑厚悠远的气势，因而就没有感召力。"小和尚没办法，只好到后院去劈柴挑水。

这里，小和尚"做一天和尚撞一天钟"固然没有起到撞钟之作用，但我们并不能将全部罪责归于小和尚一身，方丈在小和尚从事这一工作之初，并没有告诉小和尚该如何敲，要达到什么效果。如果小和尚进入寺院的当天就明白撞钟的标准和重要性，他也不会因怠工而被撤职。

这个寓言故事告诉所有的管理者，工作标准和目标是员工工作和行为的方向盘，缺乏它们，往往导致员工失去前进和努力的方向或者导致其努力方向与企业整体方向相背离，造成大量的人力和物力资源浪费。因为缺乏参照物，时间久了员工容易形成自满情绪，导致工作懈怠。索尼创始人盛田昭夫就是个善于为员工制定明确目标的管理者：

我们都知道，索尼公司首先研发了收音机，对此，有这样一段故事：

刚开始，当公司决定"造一部录音机"时，索尼的研发人员都感到目瞪口呆，因为在他们看来，这是一件不可能的事，并且，他们对收音机的原理、构造一无所知，但最后，这个看似荒唐的工作却被他们完成了。

刚开始研发的时候，因为从没涉及这个领域，所以大家好像找不到头绪。但这项研发工作的一个优势就是：这是一项有目标的研究，一切只需要一步步接近目标即可。

后来，盛田昭夫在开发家用录、放像机时也是如此：先给自己的研发人员寻找到目标，然后引导他们进行开发。

这些研发人员把基础物理、基础化学这些基础科学和应用物理、应用化学这些具体知识糅合在一起，由基础研究走向应用研究，从每一个部件着手，潜心研究，细致开发，最终取得成功。

后来，当美国几家主要的电视台开始使用录像机录制节目时，索尼公司也看好这一新产品的市场，并认为只要稍作改良，就能进入千家万户。

于是，索尼公司的开发人员又有了新的奋斗目标。他们发现，现有的美国产品，外观笨重、价格昂贵，这应该是改良的主攻方向。随后，新的样机被一台接一台造出来，一台比一台轻盈、小巧，离目标也越来越贴近。当然感觉上，井深大（索尼公司的另一位创始人）老是觉得没到位。最后，井深大拿出一本厚厚的书，放到桌面上，对开发人员说，这就是卡式录像带的大小厚薄，但录制时间应该在一小时以上。

这样，目标就已经非常具体了。开发人员再一次运用了掌握的基础知识，结合应用科学，调动自己的聪明才智，进一步开发自己的创造力，终于成功研制出了一种划时代的录、放像机。

可见，作为管理者，为员工设定一个明确的工作目标，并向他们提出工作挑战，会使员工创造出更高绩效。目标会使员工产生压力，从而激励他们更加努力工作。相反，如果员工对组织的发展目标不甚了解，对自己的职责不清，没有明确的工作目标，必将大大降低目标对员工的激励力量。

那么，管理中，我们该如何部署工作呢？

1.找出正确的目标，统一管理。

目标明确性，是企业发展战略的首要特征。目标明确，不仅是制定企业战略时“全局高于局部”的一般要求，更是今天的市场环境与金融危机这种特殊的形势下，对管理者的特殊要求。

2.善于为员工明确他们的工作目标。

在管理者给员工明确工作目标时，应以SMART为要求。S—specific（特定）、M—measurable（可衡量）、A—agree（双方同意）、R—realistic（现实）、T—time（时间限制）。SMART 目标就是指这个目标一定要特定，要可衡量，要双方都同意，要现实可以完成以及要有时间限制。将工作目标明确到了这个程度，推诿、拖拉的现象也就不容易出现。

心理支招

站得高才能看得远，任何一名管理者，都要学会高瞻远瞩，并为组织、自己乃至员工量身定制一个合理的、远大的目标。

合众人力，方成大事

非益多也，惟无武进，足以并力、料敌、取人而已。夫惟无虑而易敌者，必擒于人。

这段话的意思是，打仗不在于兵力越多越好，只要不轻敌冒进，并能集中兵力，判明敌情，也就足以战胜敌人了。那种无深谋远虑而又轻敌妄动的人，势必成为敌人的俘虏。

孙子认为，一场仗是否胜利取决于三个因素：不轻敌、判明敌情，再者就是集中兵力，关于第三个因素，我们常听到这样一句话："三个臭皮匠，赛过诸葛亮。"这句话是说，一个人的力量是有限的，而众人的合力可能就是惊人的。当然，要发挥众人合力的作用，团队成员必须做到人心所向，必须保证团队内部结构合理。同样，在现代企业中，管理团队的领导者们，在组织团队成员的时候，也要优化团队结构，从而集众人之力量发挥团队的最大力量。

现代社会，没有人可以单枪匹马闯天下，合作是每一个人都必须学会的一项技能。而任何一个企业管理者，也都认识到了团队合作对于企业发展的重要性。俗话说，一个好汉三个帮，集体的智慧是无穷的，但合作的结果不一定是双赢，如果每个人都劲儿往一处使，最后就会产生出大于每个人力量的结果，反之，如果敷衍了事，不负责任，互相推诿，就会导致一事无成，甚至造成一些不必要的损失。这就像装在篓里的螃蟹一样，这些螃蟹之所以没有一只能够逃得性命，就是因为它们总是窝里斗，看不得同伴出头。

恩格斯讲过一个法国骑兵与马木留克骑兵作战的例子：骑术不精但纪律很强的法国兵，与善于格斗但纪律涣散的马木留克兵作战，若分散而战，3个“法”兵战不过2个“马兵”；若百人相对，则势均力敌；而千名法兵必能击败1500名马兵。说明法兵在大规模协同作战时，发挥了协调作战的整体功能，说明系统的要素和结构状况，对系统的整体功能起着决定性作用。

成功学大师拿破仑·希尔曾认为，“集思广益”是人类最了不起的能耐，不但可以创造奇迹，开辟前所未有的新天地，还能激发人类最大的潜能。常见的情况是，人们在思想的交流与碰撞中，一次就有可能产生独自一人10次才能完成的思考和联想。这方面成功的例子是绿茵场上的德国队：

德国球员就像军人，纪律严明，谨慎细致，不管是在落后、领先、僵持的各种情况下，总是保持着统一的基调，按部就班地寻找机会，不到最后一刻绝对不放弃比赛。英格兰前著名先锋莱因克尔曾说过：“足球就是11人对11人的运动，最后取得胜利的总是德国人。”荷兰教父克鲁依夫也这么说过：“都说荷兰是飞人，但是真正能跑的是德国人，他们简直可以不停地以一个频率奔跑。”这两位都曾经是德国队的有力对手。靠团队协调，德国队屡屡创造骄人战绩。

在一个出色的足球队中，每个球员并不一定都是最优秀的，但这个足球队的搭配和组合一定最优秀。管理企业也是同样的道理。如果不能保证每个员工的能力是最优秀的，但至少要保证所有的员工都是齐心合力的，企业这个有机体是协调的、顺畅的，而不是部门之间存在内耗，因为员工的不团结常常会抵消大部分人的功劳。最成功的管理者，不一定是最优秀的行业专家，但一定是最优秀的团队带头人和协调员。

然而，我们发现，在不少企业内部都有钩心斗角的现象，即“办公室政治”。甲今天说了几句不该说的话让乙很没面子，下次乙找个机会打甲的小报告，却被甲的朋友丙听见了，丙在工作中就故意使绊子，这样又无意中损害了丁的利益——这个打结的线团会越缠越大。“办公室政治”是引起内耗的主要原因，要消除这一现象，我们在培养团队合作能力中要注意：

1.设定目标，明确分工。

分工明确的好处在于，可以让团队中的每一个人都知道自己该做什么、要达到什么效果、完成任务的限定日期是多少等，同样，还能避免工作过程中可能出现的人员闲置和资源浪费的问题。而作为领导者的你，如果还不知道如何分工才公平公正的话，你可以尝试给每一个任务都指定一个负责人，这是最简单的方法了。

2.说话时多使用“我们”。

作为领导者，你是团队的核心，你说话、做事的方式如何，都关乎到团队成员的工作情绪。因此，为了增强团队的凝聚力，你可以在说话的时候，多使用“我们”这个代词，不要使用我、你、他或者直呼姓名，同时，也要鼓励你的团队成员这样做。

3.鼓励团队成员多交流。

作为团队核心人物，你需要拉动团队成员的交流，这种交流可以扩大到除了工作以外的时间，比如，你可以不时地安排一些聚会或者组织素质拓展训练。除此之外，一起吃饭，打打球，都是很好的加强团队成员间交流的方法。

你千万不可小看这一点，团队成员日常生活中交流得如何，直接关系到他们在工作中的默契程度，如果平时他们之间就有默契的话，在工作时的表现就更容易提高。

4.让每个人感觉到自己很重要。

一个人一旦觉得自己不重要，往往会非常沮丧，从而失去激情，这会导致工作效率和创造力的显著下降。因此，你要让你团队中的每一个人都感到自己很重要，这样他们做事才会更有成就感，也更有紧迫感。

心理支招

“人心齐，泰山移”，众人齐心协力更容易完成某件事，而身为团队的核心人物，一定要从全局角度把握整个团队方向，只有为团队营造和谐的氛围，才能真正发挥团队合作的优势作用！

赏罚分明，提高效率

卒未亲附而罚之，则不服，不服则难用也。卒已亲附而罚不行，则不可用也。

这段话的意思是，将帅在士卒尚未亲近依附时，就贸然处罚士卒，那士卒一定不服，这样就难以使用他们去打仗了；如果士卒对将帅已经亲近依附，仍不执行军纪军法，这样的军队也是不能打仗的。

这里，孙子提出的是一个很明显的观点：对待士兵要赏罚分明，这是治军重要的原则。事实上，现代社会，管理企业或者下属何尝不是如此呢？我们发现，任何一家企业，无论成功还是失败，都有其原因，并且有其共性的原因，成功的共性是企业员工工作积极性高涨；失败的企业也有共性，那就是大多企业员工积极性差。由此看出，员工工作积极性是企业成功的关键因素之一，而影响员工积极性的原因有很多，奖罚分明无疑是其中的一个重要因素。奖励和惩罚都是激励实施中不可或缺的手段，对员工的成长和发展都有积极的作用。

但是我们现实中的很多公司却不明白这个道理。比如，很多公司的奖惩制度上写着：“所有员工应按时上班，迟到一次扣50元，如果迟到60分钟以上，则按旷工处理，扣100元。”国外有弹性工作制，即不强求准时，但是每天都必须有效地完成当天工作。但很多情况是，即使有人迟到、早退、被扣除工资，可在实际工作中很有可能并不是努力工作，其因扣除工资而产生的逆反心理导致的隐性罢工成本反而有可能高于所扣除的工资。从表面上来看，管理者似乎赚得了所扣工资的钱，实际上损失更多。所以说，这并不是一个有效的奖罚激励制度。

奖励是正面强化的手段，是对某种行为给予肯定，使之得到巩固和保持；而惩罚则属于反面强化，是对某种行为给予否定，使之逐渐减除。这两种方法，都是管理者驾驭员工不可或缺的手段。

三国时期杰出的军事家诸葛亮执法严明，赏罚分明。对于以私废公、放肆专权的李严、廖立等，均绳之以法；而对于严明守法、廉洁自律的官吏，如蒋琬、费祎等，则大加褒扬、一再提拔。正因为诸葛亮以法治军、赏罚分明，因而蜀军士气旺盛、战斗力相当高。

其实，不仅古人需要非常重视治军方面的法纪严明，当今社会，任何一个管理者，在管理下属这一问题上，也必须要做到赏罚分明。赏罚的关键是：要严明、公正；“赏不可不平，罚不可不均”；不分人的贵贱，谁有功就赏谁，谁违纪，哪怕是“皇亲国戚”也要严格惩罚，这样做，不仅能从正、负两方面来激励下属，而且更能树立你在下属心中的威信。

接下来，我们再看是怎么做的：

陈云在市里某机关单位工作，他一向是个刚正不阿的领导。

有一次，单位有批办公器材需要拉到维修部门去维修，而他工作的单位地点与维修部门之间有很远的距离，为了保障这批器材的安全，陈云让秘书小周陪同司机老王一起去。小周一直是个办事谨慎的年轻人，这也是陈云让他去的原因。

没想到的是，卡车行至半路的时候，突然下起了雨。路上的行人一看下雨了，就一个个慌乱地躲雨，也没有注意到红绿灯，就在这时，老王一个急刹车，但已经晚了，卡车与路上的一辆小汽车撞上了，小周赶紧让老王下车，去看看汽车里人怎么样，然后，他果断地打了“122”，此人很快被送到了医院，幸亏人没大碍，很快就醒过来了。老王和小周长长地舒了一口气。

回到单位后，他们做好了挨罚的准备，但没想到陈云却公开表扬了他们：“这次的事故不怪小周和司机老王，当时的情况太混乱了，而我表扬他们的原因是他们很机警，及时把人送到医院，并且还发扬了我们单位同事做事负责的态度，我们绝不能学社会上那种出了事就逃逸的坏作风……晚上我替你们压压惊。”

自打这件事后，在单位下属的心中，他们对陈云更加敬佩了。

这则故事中，我们发现陈云的确是一个明智的领导，换作其他领导，也许会对下属进行一番严厉的惩罚，但他没有这么做，他能站在事实的角度，对此事进行一个贴切、合理的处理，自然会让下属对他钦佩有加，进而愿意死心塌地地接受他的领导。

可见，适当的奖励对于员工树立自信心、不断追求上进可能带来奇妙的功效。小功不赏，则大功不立。奖励某一种行为，这一行为就频繁出现，这就叫作强化。强化分为多种方式。其中一种方式就是固定时间的强化，即每隔一定的时间，就提供强化物，强化做出的行为。

总之，只有奖罚分明的管理者才是一个好的领头人，正如兵法所言，“用赏贵信，用刑贵正。”要做到这一点，你就必须制定出严格的赏罚政策，也就是说，每份文件都要详细规定了事情“该怎么做”“谁检查”“做好了如何奖”“做不好该如何处罚”等，真正做到有法可依、有据可查，并在此基础上建立绩效考核机制。这样，在公开的制度和公平的标准下，所得出的赏罚结果也是公正的。

心理支招

一个领导者要想拿出威力，要想整顿纪律，必须要做到“赏罚分明”。赏罚分明，赏罚有信，这是管理下属的重要手段之一。只有建立一个合适的奖罚分明的制度，才能够对员工创造出合适的激励。

恩威并重，文武兼施

故令之以文，齐之以武，是谓必取。

这段话的意思是，所以要用“文”的手段即用政治道义教育士卒，用“武”的方法即用军纪军法来统一步调，这样的军队打起仗来就必定胜利。

这里，孙子提出了一个中国军事史上重要的概念——文武兼施，这一概念也被历代的君王和将领们所认可和运用，与之相应的，还有另一个概念，就是恩威并重，两者有异曲同工之处。对此，作为现代社会的领导者也应当有所启示。作为职场的一分子，上司也需要与人打交道，尤其是与下属。毫无疑问，在维护其领导者形象中，树立领导者威信有着重要作用。在与下属沟通中，领导者不可随心所欲地交谈，不管是在什么场合，领导说出的话都要言之有物、言之成理。总的来说，上司要想获得下属的信服，就要做到恩威并用、宽严结合。因为领导与下属之间是一种权力等级差别的关系，只有恩威并用，才能维持这种关系，也才能树立在下属中的威信，从而获得信任和支持。

晚清名将曾国藩是个知人善任之人，在其培养的清末大将中，有个叫刘铭传的人，此人出生于淮北，身上带有一股粗犷豪放的气质。后来，在李鸿章的引荐下，曾国藩认识了刘铭传。

与刘铭传同期进入曾国藩幕府的还有个叫陈国瑞的人，他是湖北人，少年时便加入了太平军，后来他投靠了蒙古王爷僧格林沁。曾国藩很快发现此人是难得的军事人才，有勇有谋、善于用兵。刘铭传与其在一起相处久了，就产生了矛盾，在军营里，两人还发生过两次械斗，让曾国藩很是苦恼。他一直在思考，希望能找到一个让二人和睦相处的方法。

曾国藩了解到，刘铭传也是个难得的将才，他所带领的铭军装备先进，战斗力强。曾国藩很快找到了一个降服刘铭传的方法。一次，刘铭传犯了错，曾国藩虽然也对其进行了批评，但却并未追究其过错，这让刘铭传心生敬畏而愿意追随曾国藩，也收敛了自己狂妄的个性。

而对于陈国瑞，曾国藩了解到，此人是因为佩服僧格林沁才投靠他的，要想让其彻底降服，一定要用一些方法。

一次，陈国瑞违反了军纪。曾国藩先是义正词严用极尽责难之能事，以灭掉他的嚣张气焰，然后趁机转移话题，开始夸赞陈国瑞身上的优点，当时，陈国瑞表现得对曾国藩十分服从，曾国藩满以为自己的目的达到了，但谁知道此人本性难改，一回到营中，便将曾国藩所说的话忘得一干二净了。曾国藩一看对其进行劝谏不起作用，就向朝廷请旨，要求撤去其职位。此时的陈国瑞才认识到，看样子曾国藩这次是来真的了，赶忙向其求饶。

从这一故事中，我们发现曾国藩的用人术果真非同一般，在对刘铭传和陈国瑞二人身上，软硬兼施、恩威并重的方法发挥得淋漓尽致。实践证明，这一方法确实有很强的实用性。第一，这样做能收揽人心，第二，可以起到震慑作用。只要这两方面能够恰当地结合起来，就会达到明显的效果，否则，这两名悍将是很难驯服的。当然，也正是因为曾国藩会识人用人，才带出了很多出色的将领。

不过，对于企业的领导来说，如何运用恩威并用的心理策略来达到目的还是关键问题，为此，领导者需要做到：

1.要表现得平易近人。

这样有助于拉近你和下属之间的关系，培养一种归属感。

2.要表现出作为一个领导者的远大志向。

这样，会使下属觉得跟随着你去奋斗是很有前途的，他们才有信心跟随你，拥护你。

英国前首相撒切尔夫人具有令世人称道的仪表和风度。她是20世纪后期世界上最具魅力的政治人物之一。而她引人入胜的演讲风格，更为她树立了很高的威信。她在上任后的第一次讲话中这样说道：

“我是继伟人之后担任保守党领袖的。这使我觉得自己很渺小。在我之前的领袖，都是赫赫有名的伟人。例如，我们的领袖温斯顿·丘吉尔把英国的名字推上了自由世界历史的顶峰；安东尼·伊登为我们确立了可以建立起极大财富和民主的目标；哈罗德·麦克米伦使很多凌云壮志变成了每个公民伸手可及的现实；亚历克·道格拉斯霍姆赢得了我们大家的爱戴和敬佩；爱德华·希思成功地为我们赢得了1970年大选的胜利，并于1973年英明地使我们加入了欧洲经济共同体。”

在这段讲话中，撒切尔夫人列举了现代史上英国历任首相的功绩，以此来表明自己的任重道远和豪情壮志。1979年撒切尔夫人在大选中获胜，成为英国第一任女首相。职场领导在与下属谈话时，也要表现出自己的远大志向，让下属信服于你。

3.要显出作为一个领导者应有的霸气。

每位领导都应该有属于自己的威慑力，这样才能使得下属对你服从。这种霸气体现在领导的语言风格上应该是典雅庄重的。

4.语言干脆，当机立断。

领导者的威信可以在平时的说话中得以体现。对于自己权限范围内可以决定的事，要当机立断，明确“拍板”。比如，车间工人上班经常迟到早退，不听调配。对于这种违反纪律的行为就应果断决定“停止工作，等岗留用”。如果下属向领导请示某动员会议的布置及议程，领导认为没有问题，就可以用鼓励的委婉语调表达：“知道了，你看着办就行了。”这种表述既给了下属支持与鼓励，又给了下属行动的权利。

5.要给予下属积极的刺激与激励。

优秀的领导应该尽量表扬他的下属的才干和成就，要尽可能地把荣誉让给下级，常肯定下属的进步和优异表现，遏制自己的虚荣心。应该把自己摆在后面，这样下级就会为你尽心竭力，形成一种良性循环。

心理支招

在现实生活中，许多领导者走向了两个极端：一是对下属太好，凡事都容忍，手段太弱；二是对下属太严，凡事都苛刻，手段太硬。结果，无论怎么样，下属就是不肯服从自己。其实，问题的症结在于，太弱或太强的方式都不适合驾驭下属，要想驾驭下属，就应该了解下属，对症下药，该强的时候强硬，该弱的时候容忍，如此，才能成功地驾驭下属，否则，使出你浑身解数也无法征服人心。

第十篇　地形篇：兴业择地，经商问市

《地形篇》是《孙子兵法》的第十篇，讲的是六种不同的作战地形及相应的战术要求，要求将领在指挥作战中要熟悉具体地形，因为地形是用兵的辅助条件，是制胜的前提，而现代社会中的我们，虽然不必为行军打仗而考察地形，但可以将这一点运用到投资经商中，投资经商也不可盲目，而要记住“兴业择地，经商问市”的原则，选择正确的投资领域和经商行业，才是让你财源滚滚的前提条件。

地形篇——地形乃用兵的辅助条件

孙子曰：地形有通者，有挂者，有支者，有隘者，有险者，有远者。我可以往，彼可以来，曰通；通形者，先居高阳，利粮道，以战则利。可以往，难以返，曰挂；挂形者，敌无备，出而胜之；敌若有备，出而不胜，难以返，不利。我出而不利，彼出而不利，曰支；支形者，敌虽利我，我无出也；引而去之，令敌半出而击之，利。隘形者，我先居之，必盈之以待敌；若敌先居之，盈而勿从，不盈而从之。险形者，我先居之，必居高阳以待敌；若敌先居之，引而去之，勿从也。远形者，势均，难以挑战，战而不利。凡此六者，地之道也；将之至任，不可不察也。

故兵有走者，有弛者，有陷者，有崩者，有乱者，有北者。凡此六者，非天之灾，将之过也。夫势均，以一击十，曰走；卒强吏弱，曰弛，吏强卒弱，曰陷；大吏怒而不服，遇敌怼而自战，将不知其能，曰崩；将弱不严，教道不明，吏卒无常，陈兵纵横，曰乱；将不能料敌，以少合众，以弱击强，兵无选锋，曰北；凡此六者，败之道也；将之至任，不可不察也。

夫地形者，兵之助也。料敌制胜，计险厄远近，上将之道也。知此而用战者必胜，不知此而用战者必败。

故战道必胜，主曰无战，必战可也；战道不胜，主曰必战，无战可也。故进不求名，退不避罪，唯人是保，而利合于主，国之宝也。

视卒如婴儿，故可与之赴深溪；视卒如爱子，故可与之俱死。厚而不能使，爱而不能令，乱而不能治，譬若骄子，不可用也。

知吾卒之可以击，而不知敌之不可击，胜之半也；知敌之可击，而不知吾卒之不可以击，胜之半也；知敌之可击，知吾卒之可以击，而不知地形之不可以战，胜之半也。故知兵者，动而不迷，举而不穷。故曰：知彼知己，胜乃不殆；知天知地，胜乃不穷。

孙子说：地形有通、挂、支、隘、险、远六个种类。我们可以前往、敌人可以来的地域称之为通；在这样的地域，我们要做的首先是占据那些地势高且向阳的地方，并保持粮道畅通，这样，一旦与敌军交战，也是有利的。可以前进、难于返回的地方我们称之为挂；在这样的地形，假如敌军没有防备，就要突然出击以此战胜它，如果敌有防备，我出击不能取胜，就难以返回，于我不利。凡是敌我双方出击都不利的地形，我们称之为支；在支形地区，即使敌人使出小利，也不要出击，最好是带领部队假装撤退，这样，能诱导敌人继续前进，而当他们前进到一半时，我军可以突然发起攻击，这样有利。在隘形地，我若先敌占据，就要用重兵堵塞隘口，等待敌人来攻；如果敌军已先我占据隘口，并以重兵据守，那就不要进击，若敌人没有用重兵据守隘口，就迅速攻取它。在险形地区，如我先敌占领，要占据地势高而向阳的地方伺机击敌人；如果敌人已先占领，那就主动撤退，不要进攻它。在远形地区，双方势均力敌，此时不宜交战，勉强交战的话，对我军不利。以上六点，是关于利用地形的原则；这是将帅的重要责任，是必须要纳入行军作战的考虑范围内的。

军队失败的情况有走、弛、陷、崩、乱、北六种。这六种情况，都不是由于天灾造成的，而是由于将帅的过失所致。在敌我条件相当的情况下，如果攻击十倍于我的敌人，因而失败的，叫作走。士卒强悍，将吏懦弱，因而失败的，叫作弛。将吏本领高强，士卒怯弱，因而失败的，叫作陷。部将怨怒而不服从指挥，遇到敌人忿然擅自出战，主将又不了解他的能力而加以控制，因而失败的，叫作崩。主将软弱而又缺乏威严，训练教育不明，吏卒无所遵循，布阵杂乱无章，因而失败的，叫作乱。主将不能正确判断敌情，以少击多，以弱击强，又没有精锐部队为骨干，因而失败的，叫作北。以上六种情况，必然导致军队的失败；这是将帅的重大责任，是不可不认真考虑研究的。

地形是用兵的辅助条件。正确判明敌情，制订取胜计划，研究地形的险易，计算道路的远近，这些都是将帅的职责。懂得这些道理去指挥作战的，就必然胜利，不懂得这些道理去指挥作战的，就必然失败。

所以，如果根据战场实情确有必胜把握，即使国君命令不要打，也可以坚决地打；如果根据战场实情不能取胜，即使国君命令打，也可以不打。作为一个将帅，应该进不贪求战胜的功名，退不回避罪责，只求国家和军队得以保全，符合于国君的根本利益，这样的将帅才算是国家最宝贵的人才。

将帅对士卒能像对待婴儿一样体贴，士卒就可以跟随将帅赴汤蹈火；将帅对士卒能像对待自己的“爱子”一样，士卒就可以与将帅同生共死。但是，对士卒如果过分厚养而不能使用，一味溺爱而不能驱使，违犯了纪律也不能严肃处理，这样的军队，就好比“骄子”一样，也是不能用来打仗的。

只了解我军能打，而不了解敌军不可以打，取胜的可能性只有一半；只了解敌军可以打，而不了解我军不能打，取胜的可能性也只有一半；了解敌军可以打，也了解我军能打，而不了解地形条件不可以打，取胜的把握仍然只有一半。所以，真正懂得用兵的将帅，他行动起来，目的明确而不迷误，他所采取的措施变化无穷而不呆板。所以说：了解敌方，了解我方，就能必胜不败；了解天时，了解地利，胜利就不可穷尽了。

心理支招

《地形篇》是《孙子兵法》讲的是六种不同的作战地形及相应的战术要求，并且，孙子指出几种胜利概率只有一半的情况，旨在告诉将领们必须做到知己知彼，不可打无把握之仗。

创业要选择自己熟悉的行业

孙子曰：“夫地形者，兵之助也。”

这段话的意思是：地形是用兵的辅助条件。

在这段话里，孙子强调的是地形对于作战的重要性，将领都必须将地形因素考虑在作战谋略中，只有做到对地形熟悉，才有胜利的把握。同样，这一点，我们也可以运用到创业经商中，我们投资创业，也只有专注于自己熟悉的领域，才会事半功倍。

生活中，我们常听到有人感叹于那些创业成功者："我要是有那样的运气就该好了。"事实上，这些成功者之所以能攫取财富，并不只是运气，更是因为他们的努力，尤其是他们有着独到的眼光，他们打的是有准备的仗——他们从不涉猎那些自己不熟悉的领域，而是专攻自己擅长的行业。可以说，这是失败的创业者和成功创业的人最大的区别。

因此，渴望获得财富的二十几岁的年轻人，在创业过程中，也要找到自己最擅长和合适的领域，在规划自己的理财道路上，绝不能人云亦云。

接下来，我们来看看家喻户晓的奢侈品品牌香奈儿是如何被创立和发展的：

法国女子嘉布瑞拉·香奈儿创立的香奈儿服饰风靡于20世纪20～30年代，至今香奈儿品牌仍是世界著名的品牌之一。她是服装史上一位非凡的女性，她一生中曾在两个时期准确无误地预见和把握时装潮流的趋向，两度把全世界女性的服装进行了全面革新，创造了服装史上的奇迹，成为"世界上50位最伟大的服装设计师"之一。在服装史上，如果说波烈品牌改变了妇女的装束，那么，香奈儿品牌则真正引领了20世纪时装的变革。

香奈儿生于一对贫穷夫妇家中，父亲是小贩，母亲是牧家女。母亲在生下第五个孩子的第二年就去世了。那一年香奈儿才12岁。父亲把孩子们留给别人照料，只身到了美国闯荡。在随后的日子里，香奈儿受尽了屈辱。痛苦的经历使香奈儿产生了摆脱贫贱的强烈渴望。她性格刚毅，卓尔不群，什么都敢试一试。香奈儿的"胆大妄为"，让她成了服饰潮流的领跑者。

香奈儿有着倔强的不安定的天性和爆炸性的创造力。据传，她在一次操作加热炉时，炉子突然爆炸而烧去了她几绺长发，她索性拿起剪刀把长发剪成了超短发型。在她走进芭蕾舞剧院之后的第二天，巴黎的贵妇们纷纷找理发师给她们剪“香奈儿型”发型。这种创新力，是她事业的灵魂。

香奈儿作为历史上一位最伟大与最具影响力的高级时装设计师，总是走在时装界的前列。在过去的100年中，无论是在时装设计上，还是在对人生的态度上，她都是女性追求的先导和典范。因为香奈儿能把握住时代的脉搏。诚如她所言：“某一个世界即将消失的同时，另一个世界也正在诞生，我就在那个新的世界。机会已经来临了，而我也掌握住了，我和这个新世纪同时诞生。”她自豪地说：“我是第一个生活在这个世纪里的人。”战后的巴黎，不再犹豫，服装简洁了，裙子短了，发式短了，香奈儿的运动衫、项链、色彩，恰是20世纪20年代的典型风范。

的确，香奈儿在服装行业是有天赋的，正因为认识到自己对这一行业的热爱和兴趣，她才会“胆大妄为”，才会有创新能力，让她成了服饰潮流的领跑者。“某一个世界即将消失的同时，另一个世界也正在诞生，我就在那个新的世界。机会已经来临了，而我也掌握住了，我和这个新世纪同时诞生。”所以，我们可以说，不是每个人都能成为香奈儿。

生活中，或许你已经经历创业失败，你是否反省过：为什么失败？为什么别人做什么，你就做什么？原因都是你没有找到自己合适的领域，对于不擅长的工作，我们摔跤的可能性自然很大。

为此，在正式创业前，我们最好做到：

1.客观地评价自己，了解自己。

这就需要你知道自己热爱什么，对什么行业更有兴趣，这样带着兴趣去投资，会更有耐心和成就感。

2.积淀自己在该领域的知识储备，做到厚积薄发。

投资任何行业，都需要我们投入其中，真正了解该行业的历史、动态、发展方向等，毕竟，有的放矢的投资获益的可能性才更大。

3.敢于改变现状，跳出现在的圈子。

年轻就是资本，失败了大不了重新来过，当下的这片天固然很蓝，但充其量现在的你只能是井底之蛙，更广阔的天空需要你跳出现在的藩篱。

那么，你有足够的勇气吗？任何事都不会一帆风顺，都有艰险，投资也是，如果因为风险的存在而不去冒险，如果你宁愿生活在父母长辈为自己编织的美梦中，宁愿固守自己的一片天地而不愿尝试，那么，你只能与财富无缘。

心理支招

《孙子兵法》中，孙子认为，熟悉地形是战斗成功的重要因素之一，同样，创业中，真正的财富都是来源于深入了解和分析，绝不是凭运气获得，这就需要我们选择自己合适的领域，然后稳扎稳打地进行了解、实施。

爱兵如子，共同生死

视卒如婴儿，故可与之赴深溪；视卒如爱子，故可与之俱死。

这句话的意思是，将帅对士卒能像对待婴儿一样体贴，士卒就可以跟随将帅赴汤蹈火；将帅对士卒能像对待自己的“爱子”一样，士卒就可以与将帅同生共死。

这里，孙子认为，将帅若希望士兵能奋勇杀敌、与自己共同进退，就要做到“爱兵如子”，将帅只有打动士兵的内心，才能让士兵忠于自己。

《史记》中载有一个关于吴起的故事：他爱兵如子，深得士兵们的爱戴。有一次，一个刚刚入伍的小兵在战争中负了伤，因战场上缺医少药，等到打完仗回到后方时，那位小兵的伤口已经化脓生蛆。吴起在巡营的时候发现了，他二话没说，立刻蹲下来，用嘴为那位士兵吸吮伤口，消炎疗伤。那位小兵见大将军竟然如此对待自己，感动得热泪盈眶，说不出一句话。其他士兵们看了，也深受感动。正因为吴起如此善待士兵，所以士兵们个个英勇善战。

的确，古往今来，我们都强调“忠诚”，古人云，为人臣子，必须“忠”；现代社会，身处企业之中，作为领导者的我们，也必须“忠诚”。不但要对企业忠诚，也应该对下属和员工忠诚，所谓对下属的忠诚，意为尽心竭力，赤诚无私，最直接的表现就是与员工站在同一战线上，与员工同患难、共富贵。

事实早已证明，凡是具有蓬勃生命力的企业，都有一套能让员工从内心自然接受的管理手段。所以，员工能在企业这个大家庭里感到工作虽有压力，但更有动力、更有希望。虽有劳累，但不觉得心累，更充满工作的快乐感、幸福感和愉悦感。在这一方面，松下公司的做法值得很多领导者效仿：

在松下，领导者处处关心员工，考虑职工利益，还给予职工工作的欢乐和精神上的安定感，与职工同甘共苦。

1930年年初，世界经济不景气，日本经济大混乱，绝大多数厂家都裁员，降低工资，减产自保，百姓失业严重，生活毫无保障。松下公司也受到了极大伤害，销售额锐减，商品积压如山，资金周转不灵。这时，有的管理人员提出要裁员，缩小业务规模。

这时，因病在家休养的松下幸之助并没有这样做，而是毅然决定采取与其他厂家完全不同的做法：工人一个不减，生产实行半日制，工资按全天支付。与此同时，他要求全体员工利用闲暇时间去推销库存商品。松下公司的这一做法获得了全体员工的一致拥护，大家千方百计地推销商品，只用了不到3个月的时间就把积压商品推销一空，使松下公司顺利渡过了难关。

在松下的经营史上，曾有几次危机，但松下幸之助在困难中依然坚守信念，不忘民众的经营思想，使公司的凝聚力和抵御困难的能力大大增强，每次危机都在全体员工的奋力拼搏、共同努力下安全度过，松下幸之助也赢得了员工们的一致称颂。

从松下的管理经验中，我们看到了向心力为员工营造了一种和谐的工作氛围，让员工感到了家的温馨，增进了企业内部的相互信任，增加了员工对公司的忠诚感。

在经济日益市场化的今天，领导者只有深入、融入员工的心灵，才能营造“心齐气顺劲足家和”的局面，形成强有力的核心竞争力。为此，我们需要做到：

1.适当的关心。

任何一个员工，都对那些亲切的领导表示好感，并愿意支持他们。为此，为了和下属保持融洽的关系，作为领导，在日常工作中，当下属有困难时，应主动问询。对力所能及的事应尽力帮忙。当然，在工作中，领导者要对不同工作能力的员工给予不同的帮助。

比如，在任务的布置上，不同的对象，应该采取不同的沟通方式，对于那些聪明、善于领会领导意图并有很强的工作能力的下属，管理者不需要进行很详细的工作交代，而需要多倾听他们对工作的看法、建议即可，而在工作执行的过程中，在他们遇到困难时，应给予答复，提高他们的主动性和自信心，以提高工作效率；而对于领悟能力和实践能力不强的下属，管理者不能简单行事，交代任务后就完全不管不顾，甚至期待有好的结果出现，这样往往事与愿违。对于这样的下属，领导者应该传递自己的想法，而不能期望他们在意见和方法上有多少建树。

2.关心员工的福利和前途。

对此，你不可认为这是一种长者之风，而应该把它当成一种投资者的态度。你要知道，对你有利的，也会对他人有利；反过来，对他人有利的，最终也将利于你。但实际上，似乎很少有领导者明白这一道理。

事实上，关心员工是实施温情管理、调动其积极性的重要方法。优秀的企业管理者会把关心送到员工生活中的方方面面，他们不仅关心员工的现状，而且关心员工的发展；既在平时关心理解员工，更在关键时刻体贴帮助员工；不仅关心员工的工作，而且关心员工的生活；甚至既要关心员工本人，还要关心员工家属。比如，当员工过生日、结婚、搬迁等，他们都会代表工作单位表示祝贺；当员工遇到生活上的困难时，他们总是伸出援助之手；当员工生病了，他们也会代表同事第一时间探望，这样的领导就是受人爱戴的。

3.用行动证明自己足以信任。

真正表达忠心的方式依然是行动，要让下属成为你的心腹和知己，最重要的一点就是要有实力，用实力说话是职场永恒的成功法则。否则，即便你再希望和下属一起并肩作战，也不会获得下属的支持。

的确，领导就是带领大家共同实现目标的那个人，要实现目标就需要智慧，不仅需要懂得领导的智慧，更需要解决问题的智慧。任何一个领导，都希望自己的部下能忠诚于自己，但这需要我们首先选择与下属站在一起、与下属同患难、共富贵，多关心下属，为下属排忧解难，你肯定能够和领导成为事业搭档，还能够成为心灵的知己。

心理支招

那些善于维护与下属关系的聪明的领导都深知一个道理，如果想获得下属的支持，就要做到随时为下属考虑，与下属同患难、共富贵，以此展现自己的领导力，才能成为下属的精神领袖。

经商要看到市场背后的需求

故战道必胜，主曰无战，必战可也；战道不胜，主曰必战，无战可也。

这段话的意思是，所以，如果根据战场实情确有必胜把握，即使国君命令不要打，也可以坚决地打；如果根据战场实情不能取胜，即使国君命令打，也可以不打。

《孙子兵法·九变篇》也曾有："将在外，军令有所不受"，意指将领带兵打仗，要灵活变通，要根据具体的战况来定夺，而不能一味地听从国君的命令。这一点，我们可以引申到现代社会的经商中，在这个商业社会的信息时代，大概每个商人都希望自己财源广盛，也就是希望不断赚钱，要做到这一点，我们也要灵活变通，首先就要懂得看到市场背后的需求。一些有成就的犹太人，就是凭借自己的商业头脑在商界独树一帜、独领风骚的，他们能够根据当下的形势分析出未来市场的需求，他们具有超前的意识和思维，能帮他们尽早地作出预测，采取行动，从而把握未来，让他们成为事业上的先行者。

曾经有人总结了这样一个有趣的现象：改革开放初期，有些人机缘巧合自己做起了生意，那个时候市场还一片空白，只要出手就能发家致富；稍后，有些也渴望发财的人说，现在晚了，要是头几年投资就好了，一个极为有趣的现象是：中国刚刚改革开放，有些人迫于无奈当了老板，并且是出手必赢。然而，就是在这样的情况下，还是有大批的成功者。再过几年，又有人感叹：现在是真的晚了。然而，成功者还是如雨后春笋般涌了出来。那些碌碌无为的人总是感叹晚了，而那些少数成功的人，他们很少感叹生意难做、项目难找、竞争太激烈，即使周围的人总是感叹太晚了的时候，他们总能找到市场契机，获得一笔笔财富。

可见，对于任何一个渴望致富的人而言，你都要明白，无论你现在多大年纪，无论现在市场情况如何，只要你有心寻找机遇，那么，就没有什么来不及。只要你立即行动、大胆地去实践，而不只是把它当成一个遥不可及的梦想，你就能实现。

在冰天雪地的阿拉斯加，把冰块卖出去，这听起来似乎不可思议，但是在现实生活中就有这样的实例。

有一位销售人员，他在阿拉斯加的冰河里收集冰块，然后以3美金/公斤的价格卖给当地的客户。他是怎么做到的呢？

这位销售员是阿拉斯加的食品商人，他并不把客户当成是他的上帝，他甚至不急着去推销他的产品。他首先努力使自己成为客户的朋友，他们的伙伴。他每天都花一定的时间和客户在一起，去观察和了解他们。他发现他的客户都喜欢喝冰镇的饮料，但是冰块在饮料中容易融化，很快会使饮料变淡，影响口味。这个问题让客户很头疼，但又束手无策。

他充分理解他们遇到的问题。他查阅了大量资料，终于找到解决问题的方法。他挖出阿拉斯加冰河底层的冰块，这些冰块因为有着成千上万年的历史，密度很大，融化的速度很慢，可以让饮料变得冰凉，却不稀释饮料。

他成功了，他因为帮助客户解决了生活中的难题而获得了他们的信任，也因此得到更多的商机。

这个案例也给二十几岁的生活中的人们一个启发：这位销售员居然能够在

阿拉斯加把冰块卖掉，我们为什么不能看到市场背后的需求呢？这位销售员就是高明的投资者，真正的投资绝不是投机，不是一锤子买卖，而是需要付出辛劳的，更是考验投资者的眼光和智慧的。

美国的施乐公司在复印机行业拥有500多项专利，假如一个企业要花钱买它的500多项专利，制造出来的复印机会比施乐贵几倍，根本没有市场。施乐用专利技术的办法来保护自己。

但是，施乐复印机有几个致命的缺点：

1.施乐复印机一般是大型机，虽然速度性能都很好，但是价格高达几十万甚至上百万，大企业也只能买得起一台。

2.大公司里的复印机只能放在一个地方，不同楼层的人哪怕复印一张纸也要跑到那去，很不方便。

3.如果老板要复印人员晋升、涨工资等保密的文件，不愿意交给专门的部门复印，也就是说保密性不好。

日本的佳能公司根据施乐存在的这几个问题，积极开发设计小型复印机，把价格降到十分之一甚至二十分之一；而且简单易用，不用专人使用；小巧方便，每间办公室都可以有一台，老板的办公室也可以有一台，解决保密问题。

就这样，施乐因为细节的原因，被佳能打败了。

施乐这样实力雄厚的公司，却被佳能打败了，说明了什么？哪怕你的竞争对手再强大，你也能找到打败他的方法，同样，看似是饱和的市场，只要你留心，就能找到突破点。

相对来说，大投资不可能兼顾各个方面，而低投资能弥补这一不足，能和市场、人们的生活息息相关，能使大投资更加丰富、完善。另外，在抵御风险这一问题上，它有更强的灵活性。只要你拥有敏锐的眼光和灵活的手脚，就完全可以加入其中，走自己的路，赚自己的钱。

诺贝尔经济学奖获得者萨缪尔森教授曾经说过：“人们应当首先认定自己有能力实现梦想，其次才是用自己的双手去建造这座理想大厦。”如果你有心寻找机遇，就不要有资金太少、起步太晚的顾虑。要知道，再难做的市场，也有人赚钱；再好的时机，也有人失败；再少的资金，也能致富；再多的财富，也会因为投资失误而破产。在创业的道路上，大有大的方针，小有小的路线；早有早的模式，晚有晚的做法。想得到就有可能做得到，穷人不必气馁。

的确，我们一定不能忽视的一点是，人是需求的来源者，哪里有人，哪里就有需求，不同的人也有不同的需求，即使是那些大公司，也未必能做到面面俱到，就如案例中的施乐公司和佳能公司，佳能后来居上，就是因为它看到了这一点，制造出了令人信服的灵巧的高质量的产品。

心理支招

市场的需求是源源不断的，只要你善于发现，只要你立即行动，放下资金太少、起点低、时间晚的那些顾虑，从现在起就着手进行吧，收获是迟早的事。

无法热爱的工作，果断辞职

料敌制胜，计险厄远近，上将之道也。知此而用战者必胜，不知此而用战者必败。

这段话的意思是，正确判明敌情，制订取胜计划，研究地形的险易，计算道路的远近，这些都是将帅的职责。懂得这些道理去指挥作战的，就必然胜利，不懂得这些道理去指挥作战的，就必然失败。

这里，孙子依然强调将帅指挥作战要熟悉地形，只有建立在这一基础上的战略计划，才能实现。

同样，这一点，也可以运用到我们的工作和生活中，我们也只有做自己熟悉和热爱的事，才会产生源源不断的热情，才会有所成就。可想而知，始终做着自己无法热爱的工作，这是一种怎样的煎熬?

琳达现在已经是一家连锁餐饮企业的老板了，现在的她，每天脸上都挂满笑容。而六年前，她只不过是旧金山一家快餐厅的侍应生。而她的丈夫保罗也只不过是一名交警。虽然那时候他们每天工作强度都不大，生活也无忧，但是琳达并不快乐，她有自己的梦想——开一家冰激凌店，她做梦都希望能有自己的事业，那一段时间，她的脑海里总是在琢磨着辞职与否的事，为此，她失眠了，经常连续几天都不能合眼，保罗看得出来妻子的心病，所以他劝妻子辞职。

随后，他们为开冰激凌店做了一些调查工作，但是他们并没有发现合适的机会。

有一次，一个客人来店里吃饭，琳达无意中和他聊了几句，原来，对方是一家名为“酷圣石”的冰激凌店的老板。这引起了琳达的兴趣，经过数次拜访和勘察，她和丈夫一致认为这就是自己长期以来所寻找的机遇。于是，他们决定冒险投资。

当你进入琳达的这家冰激凌店之后，你会发现，琳达工作起来是如此热情洋溢。不论你什么时间去买冰激凌，他们总会有一个人一直守在店里，与此同时，保罗还保留着警察这份职业。但他们确实是在享受自己所做的工作。

琳达的故事告诉我们，一份不适合自己的职业不会为你带来快乐，相反，却会为你带来困扰，而只有做自己喜欢的事、投资自己热爱的事业，才会收获快乐，收获财富。

自古以来，无论做什么，兴趣都是孜孜不倦的动力。而很多成就卓著的人士的成功，首先得益于他们充分了解自己的爱好、兴趣，根据自己的特长来进行定位或重新定位。但在对自己进行准确定位前，你需要做的就是果断地放弃自己现在不擅长的职业。

同样，在我们现实工作中，我们也只有热爱一份工作，才有动力，否则只会感到来自身即便劳累一天，也内心坦然、睡得踏实。心的压力，那么，对于工作，我们该怎样选择呢？

1.在选择前，你应该考虑自己的兴趣。

有句话说得好：“选择你所爱的，爱你所选择的。”为了培养你对工作的热情，首先，在工作前，你应该考虑自己的兴趣。一般情况下，如果你真的不喜欢自己所做的事情，对它缺少积极性，那么这是不值得的，不管你得到的回报有多高，都是不值得的。

2.经营你的长处。

奥托·瓦拉赫是诺贝尔化学奖获得者，他的成才历程极富传奇色彩。

瓦拉赫在开始读中学时，父母为他选择的是一条文学之路，不料一个学期下来，老师为他写下了这样的评语："瓦拉赫很用功，但过分拘泥，这样的人即使有着完美的品德，也决不可能在文学上发挥出来。"

此时，父母只好尊重儿子的意见，让他改学油画。可瓦拉赫既不善于构图，又不会润色，对艺术的理解力也不强，成绩在班上是倒数第一，学校的评语更是令人难以接受："你是绘画艺术方面的不可造就之材。"

面对如此"笨拙"的学生，绝大部分老师认为他已成才无望，只有化学老师认为他做事一丝不苟，具备做好化学实验应有的品格，建议他试学化学。

父母接受了化学老师的建议。这不，瓦拉赫智慧的火花一下被点着了。文学艺术的"不可造就之材"一下子变成了公认的化学方面的"前程远大的高才生"。在同类学生中，他遥遥领先……

瓦拉赫的成功，再次说明这样一个道理：人生要经营自己的个性和长处，对于自己不热爱、不擅长的事，要果断放弃。幸运之神就是那样垂青于忠于自己个性长处的人。松下幸之助曾说，人生成功的诀窍在于经营自己的个性长处，经营长处能使自己的人生增值，否则，必将使自己的人生贬值。他还说，一个卖牛奶卖得非常火爆的人就是成功，你没有资格看不起他，除非你能证明你卖得比他更好。

3.选择之后，专注于你的工作。

对一个领域100%的精通，要比对100个领域各精通1%强得多。因此拥有一种专门技巧，要比那种样样不精的多面手更容易成功，以十五分的精力去追求你想得到十分的成果，它会带给我们一些真正意义上的收获。

其实，并不是所有行业都是妙趣横生，甚至无论你做什么，你都要忍受其枯燥乏味，在我们选择好投资领域之后，我们就要投入精力，要知道，工作都会因为工作环境的一成不变而变得枯燥乏味。可见，一件工作有趣与否，取决于你的看法，对于工作，我们可以做好，也可以做坏。可以高高兴兴和骄傲地做，也可以愁眉苦脸和厌恶地做。如何去做，这完全在于我们。

心理支招

一份不热爱的工作会为我们带来很多痛苦，尤其是心灵上的。无论做什么事，没有热情的努力是白费的，也是没有效果的，有兴趣才会热爱，你才会珍惜你的时间，把握每一个机会，调动所有的力量去取得出类拔萃的成绩。

为官之道——进不求名，退不避罪

故进不求名，退不避罪，唯人是保，而利合于主，国之宝也。

作为一个将帅，应该进不贪求战胜的功名，退不回避罪责，只求国家和军队得以保全，符合于国君的根本利益，这样的将帅才算是国家最宝贵的人才。

这里，孙子对一名真正的将帅之才作了定义："进不求名，退不避罪。"意思是，不求名利、不逃避责任，这样的人才是真正的国家栋梁，才能为国家鞠躬尽瘁。的确，自古以来，中国人都对做官之道有很多研究，而最为精通的莫过于清末的曾国藩了。

直隶为首要之地，为官更当勤苦耐劳。他赴京途中，在为高官"三不主义"基础上，又体悟出"六项原则"。这六项原则就是针对直隶而发。

第一是平争，即平息争执。直隶的官不好做，主要在于朝廷养的众多御史就在眼底，通天的人太多，因此稍有动作，即会引起别人的议论。曾国藩奉行的原则是平息争执，也即只做不说。别人怎么说，自己也不参与。

第二是因势。中国有个传统，喜好翻前人的案，凡前任官所为，不管对错，后任总要诋毁一番，以示自己高明，也就是人们常说的"新官上任三把火"。曾国藩给自己定下因势的原则，即是肯定前任的成果，在此基础上再施拳脚。

第三是善习。

第四是从俗。中国幅员之大，各地区的风土民情有很大不同，当政者不能要求整齐划一。相反，善于利用当地的风俗民情以施加教育，往往容易成功。曾国藩因此定下从俗的原则。

第五是便民。便民即不与老百姓为难。不了解下情的官僚，往往朝令夕改，并且很少符合实际情况。曾国藩认识到，好的政策往往是对普通百姓有利的，因此容易受到拥护，实行起来有基础。

第六是救弊。天下的政策、法令、条规、制度，大概设立时总有许多充足的理由，但实行时间长了，情况发生了变化，再用这些去衡量就会出现偏差。因此，要改变不尽合理的东西。

曾国藩认为，自己平生以“不参与、不称职、不遑”为高官不败之三大法宝，如果再严格品味，执行“六项原则”，那就不会有失败了。他在日记中写道：思古圣王制作之事，无论大小精粗，大抵皆本于平争、因势、善习、从俗、便民、救弊。非此六者，则不轻于制作也。吾曩者志事以老庄为体，禹墨为用，以不与、不遑、不称三者为法，若再深求六者之旨而不轻于有所兴作，则咎戾鲜矣。

曾国藩说，身居高位的规律，大约有三端，一是不参与，就像是与自己没有丝毫的交涉；二是没有结局，古人所说的“一天比一天谨慎，唯恐高位不长久”；三是不胜任。

曾国藩说：越走向高位，失败的可能性越大，而惨败的结局就越多，因为“高处不胜寒”。那么，每升迁一次，就要以十倍于以前的谨慎心理来处理各种事务。他借用烈马驾车，绳索已朽，形容随时有翻车的可能。做官何尝不是如此？

在清代民间，人们常说，“和珅跌倒，嘉庆吃饱”。和珅之所以为千夫所指，可以说，就是因为他没有坚持正确的做官原则。

和珅最初为官时一心报效国家，与朝中的清官一起打击福康安、福长安等贪污官员，更在二十六岁时就任管库大臣，管理布库，他从这份工作中学习到如何理财，他勤劳地管理布库，令布库的存量大增，他凭借这些才干，得到了乾隆的赏识。乾隆四十年，和珅擢为乾清门御前侍卫，兼副都统。乾隆十一月再升为御前侍卫，并授正蓝旗副都统。乾隆四十一年正月，授户部侍郎，三月授军机大臣，四月，授总管内务府大臣。这两年间，和珅清廉为官，勤奋好学，成为一位有为的青年。

乾隆四十五年正月，海宁揭发大学士兼云贵总督李侍尧涉嫌贪污，乾隆下御旨命刑部侍郎喀宁阿、和珅和钱沣远赴云南查办李侍尧。起初毫无进展，后来和珅拘审李侍尧的管家赵一恒，对赵一恒严刑逼供，赵一恒起初还拼死抗争，拒不招认，后来终于奈不住痛楚，把李侍尧的所作所为一一向和珅作了交代。和珅有了坚实的证据，心里就有了底，踏实下来。他把赵一恒交代的事项笔录下来，又命人召来了云南李侍尧属下的大官员，当着他们的面宣告了赵一恒的供述，那些原来忠于李侍尧的官员见和珅已掌握了证据，于是他们纷纷出面指控李侍尧的种种罪行，就连那些曾向李侍尧行贿的官员，也申明自己是迫于李侍尧的淫威，被迫行贿的。和珅取得了实据，迫使精明干练的李侍尧不得不低头认罪。和珅也因此被提升为户部尚书。

李侍尧案审结后，李侍尧被判斩监候，李侍尧和他的党羽一大份财产被和珅私吞，加上乾隆的赏赐，和珅终于初尝掌握大权大财的滋味。四月，长子丰绅殷德，被乾隆指为十公主额驸，领受乾隆赏赐黄金、古董等，百官争相巴结。和珅起初不受贿赂，但日子一长，和珅开始贪污，他广结党羽，形成一股大势力。（讽刺的是，党羽中包括当年在云南对和珅百般羞辱的李侍尧），更培植犯罪集团用以迫害政敌、地方势力和人民。俨然成了一个金字塔式的大贪污集团，和珅就立在金字塔的顶端。

嘉庆登基后，曾列出和珅二十条罪状。后被嘉庆皇帝赐死。

乾隆年间，和珅为皇上宠信之极，官阶之高，管事之广，兼职之多，权势之大，清朝罕有。但这一切都是过眼云烟，损害了人民的利益，欺上瞒下，最终落得个狱中自尽并遗臭万年的凄惨结局。而我们不难发现，为官之初的和珅原本是个清廉之人，但李侍尧案后，他尝到了金钱的滋味，才一失足，最终成千古恨。

总之，我们应该认识到，树立正确的人生态度，对于人的一生有着十分重要的意义，人生态度，具体地表现在人们怎样对待人生所遇到的每一个具体问题上，关系着人们在每一个具体问题上得到什么结果。

心理支招

人们对待人生的每个具体问题的态度不尽相同，在人生的每个阶段上的态度也有所不同，而对于为官者来说，更要遵循一定的行事原则，为官者如果没有正确的人生态度，他不仅在每个具体问题上失败，而且他的一生也不会有一个好的结局。

第十一篇 九地篇：分析“客”情，因人制宜

《九地篇》乃《孙子兵法》的第十一篇，讲的是依“主客”形势和深入敌方的程度等划分的九种作战环境及相应的战术要求。

九地篇——深入敌方，出奇制胜

孙子曰：用兵之法，有散地，有轻地，有争地，有交地，有衢地，有重地，有圮地，有围地，有死地。诸侯自战其地，为散地。入人之地不深者，为轻地。我得则利，彼得亦利者，为争地。我可以往，彼可以来者，为交地。诸侯之地三属，先至而得天下之众者，为衢地。入人之地深，背城邑多者，为重地。行山林、险阻、沮泽，凡难行之道者，为圮地。所由入者隘，所从归者迂，彼寡可以击吾之众者，为围地。疾战则存，不疾战则亡者，为死地。是故散地则无战，轻地则无止，争地则无攻，交地则无绝，衢地则合交，重地则掠，圮地则行，围地则谋，死地则战。

所谓古之善用兵者，能使敌人前后不相及，众寡不相恃，贵贱不相救，上下不相收，卒离而不集，兵合而不齐。合于利而动，不合于利而止。敢问："敌众整而将来，待之若何？"曰："先夺其所爱，则听矣。"

兵之情主速，乘人之不及，由不虞之道，攻其所不戒也。

凡为客之道：深入则专，主人不克；掠于饶野，三军足食；谨养而勿劳，并气积力，运兵计谋，为不可测。投之无所往，死且不北，死焉不得，士人尽力。兵士甚陷则不惧，无所往则固。深入则拘，不得已则斗。是故其兵不修而戒，不求而得，不约而亲，不令而信，禁祥去疑，至死无所之。吾士无余财，非恶货也；无余命，非恶寿也。令发之日，士卒坐者涕沾襟。偃卧者涕交颐。投之无所往者，诸、刿之勇也。

故善用兵者，譬如率然；率然者，常山之蛇也。击其首则尾至，击其尾则首至，击其中则首尾俱至。敢问：“兵可使如率然乎？”曰：“可。”夫吴人与越人相恶也，当其同舟而济，遇风，其相救也如左右手。是故方马埋轮，未足恃也；齐勇若一，政之道也；刚柔皆得，地之理也。故善用兵者，携手若使一人，不得已也。

将军之事：静以幽，正以治。能愚士卒之耳目，使之无知。易其事，革其谋，使人无识；易其居，迂其途，使人不得虑。帅与之期，如登高而去其梯；帅与之深入诸侯之地，而发其机，焚舟破釜，若驱群羊，驱而往，驱而来，莫知所之。聚三军之众，投之于险，此谓将军之事也。九地之变，屈伸之利，人情之理，不可不察。

凡为客之道：深则专，浅则散。去国越境而师者，绝地也；四达者，衢地也；入深者，重地也；入浅者，轻地也；背固前隘者，围地也；无所往者，死地也。

是故散地，吾将一其志；轻地，吾将使之属；争地，吾将趋其后；交地，吾将谨其守；衢地，吾将固其结；重地，吾将继其食；圮地，吾将进其涂；围地，吾将塞其阙；死地，吾将示之以不活。

故兵之情，围则御，不得已则斗，过则从。是故不知诸侯之谋者，不能预交；不知山林、险阻、沮泽之形者，不能行军；不用乡导者，不能得地利。四五者，不知一，非霸王之兵也。夫霸王之兵，伐大国，则其众不得聚；威加于敌，则其交不得合。是故不争天下之交，不养天下之权，信己之私，威加于敌，故其城可拔，其国可隳。施无法之赏，悬无政之令，犯三军之众，若使一人。犯之以事，勿告以言；犯之以利，勿告以害。

投之亡地然后存，陷之死地然后生。夫众陷于害，然后能为胜败。

故为兵之事，在于顺详敌之意，并敌一向，千里杀将，此谓巧能成事者也。

是故政举之日，夷关折符，无通其使；厉于廊庙之上，以诛其事。敌人开阖，必亟入之。先其所爱，微与之期。践墨随敌，以决战事。是故始如处女，敌人开户，后如脱兔，敌不及拒。

这段话的意思是：

孙子说：按用兵的规律，战地可分为散地、轻地、争地、交地、衢地、重地、圮地、围地、死地九类。诸侯在自己的领地上与敌作战，这样的地区叫作散地；进入敌境不深的地区，叫作轻地；我先占领对我有利，敌先占领对敌有利的地区，叫作争地；我军可以去，敌军可以来的地区，叫作交地；敌我和其他诸侯国接壤的地区，先到就可以结交诸侯国并取得多数支援的，叫作衢地；深入敌境，越过许多敌人城邑的地区，叫作重地；山林、险阻、沼泽等道路难行的地区，叫作圮地；进入的道路狭隘，退出的道路迂远，敌人以少数兵力能击败我众多兵力的地区，叫作围地；迅速奋战则能生存，不迅速奋战就会被消灭的地区，叫作死地。因此，在散地不宜作战；在轻地不可停留；遇争地应先敌占领，如敌人已先占领，不可强攻；在交地，军队部署应互相连接，防敌阻绝；在衢地则应结交邻国；在重地则应夺取物资，就地补给；在圮地则应迅速通过；陷入围地则应巧设奇谋；在死地要迅猛奋战，死里求生。

古时善于指挥打仗的人，能够使敌人前后部队无法相顾及，主力与小部队不能相依靠，官兵不能相救援，上下隔断，不能收拢，士卒溃散，不能聚集，即使聚集也很不整齐。即使在这样的条件下，也要坚持有利就行动，不利就停止的原则。试问："如果敌军众多而且阵势齐整地向我进攻，该如何对付它呢？"回答是："先夺取敌人的要害之处，这样，敌人就会被迫听任我的摆布了。"

用兵之理，贵在神速，乘敌人措手不及的时机，走敌人意料不到的道路，攻击敌人不加戒备的地方。

凡是进入敌国作战的原则：深入敌军境地且如果能军心专一、士气旺盛的话，则敌军必败于我；在富饶地区争夺粮草，让全军上下得到充足的给养；让士卒的体力得到修养，不能让其疲劳，提高士气，积蓄力量；精心规划、巧妙部署，让敌人无法揣测我们的意图。那么，即使我军处于危险的境地，即使死也不会败退；既然士卒死都不怕，也就会誓死作战了。士卒深陷危地，也不会害怕；哪怕前方无路可走了，依然能稳固军心；拂人敌国，军心就不会涣散；迫不得已就会拼死战斗。因此，这样的军队即使没有修整，也知道随时戒备；即使没有奖励，也会竭尽全力战斗；即使没有纪律的约束，也能亲近相助，不待申令，都会信守纪律。禁止迷信，消除部队的疑虑，即使战死也不退避。我军士卒虽然舍弃了那些财务，并不是他们不喜欢财务；他们不怕死，并不是因为他们不想舍弃多余的财物，并不是厌恶财物；不怕牺牲生命，并不是他们不想长寿。当作战命令下达的时候，士卒们坐着的泪水沾湿了衣襟，躺着的则泪流面颊。把军队置于无路可走的绝境，就会像专诸、曹刿那样勇敢了。

所以，善于用兵打仗的人，能使部队像“率然”一样。所谓“率然”，乃是常山的一种蛇，打它的头，尾巴就来救应，打它的尾，头就来救应，打它的中部，头尾都来救应。试问：“可以使军队像率然一样吗？”回答是：“可以。”吴国人与越国人虽然互相仇视，可是，当他们同船渡河时，如遇大风，也能互相救援，犹如一个人的左右手一样。因此，想用系住马匹、埋起车轮的办法来稳定军队，那是靠不住的。要使全军齐心奋勇，在于组织指挥得法；要使强弱都能各尽其力，在于恰当地利用地形。所以，善于用兵的人，提挈三军就像使用一人那样容易，这是由于把士卒置于不得已的境地而造成的。

统率军队这种事情，要镇静以求深思，严正而有条理。能蒙蔽士卒的耳目，使他们对军事计划毫无所知；战法经常变化，计谋不断更新，使人们不能识破；驻军常改变驻地，进军迂回绕道，使人们无法推断行动意图。将帅赋予军队任务，要像登高而抽去梯子一样，使他们有进无退。率领军队深入诸侯国土，要像弩机射出箭一样，使其一往直前。烧掉船只，砸烂军锅，表示必死决心；像驱赶羊群一样，赶过去，赶过来，使他们不知道到底要到哪里去。聚集全军士卒，投置于危险的境地，使他们拼死奋战，这便是将军的责任。根据不同地区采取不同的行动方针，适应情况，伸缩进返，掌握士卒在不同情况下的心理状态。这些，都是将帅不能不认真考察和仔细研究的。

深入敌国作战的规律是：进入敌境越深，士卒就越专心一致，进入得浅，士卒就容易逃散。离开本国，越过邻国进入敌国作战的地区，叫绝地；四通八达的地区叫衢地；进入敌境深的地区叫重地；进入敌境浅的地区叫轻地；后险前狭的地区叫围地；无处可走的地区叫死地。

因此，在散地，我就要使军队专心一致；在轻地，我就要使部队相连接；遇争地，就要迅速前出到它的后面；逢交地，我就要谨慎防守；在衢地，就要巩固与诸侯国的结盟；入重地，就要保证军队粮食的不断供应；经圮地，就要迅速通过；陷入围地，就要堵塞缺口；到了死地，就要显示死战的决心。

士卒的心理状态，被包围就会协力抵御，迫不得已就会拼死战斗，陷于危险的境地，就会听从指挥。

不了解列国诸侯计谋的，不能与它们结交；不熟悉山林、险阻、沼泽等地形的，不能行军；不使用向导的，不能得地利。对于“九地”的利害，有一样不了解，就不能算是霸王的军队。霸王的军队，攻伐大国，可使其军民来不及动员、集聚；威力加在敌人头上，可使其无法与别国结交。因此，不必争着和别的诸侯国结交，也不必在别的诸侯国培植自己的权势，只要依靠自己的力量，把威力加之于敌，就可以拔取其城邑，毁灭其国家。施行超出法定的奖赏，颁发打破常规的号令，指挥全军之众如同使唤一个人一样。驱使士卒执行任务，而不告诉他们意图；只告知他们有利的一面，而不告诉他们有什么危害。

把士卒投入危地才能保存，使士卒陷入死地然后才能得生。士卒陷于危险的境地，然后才能力争胜利。

所以，指挥作战，在于假装顺从敌人意图，一旦有机可乘，便集中兵力指向敌人一点。这样，即使长驱千里，也可擒杀敌将。这就是所谓巧妙能成大事的意思。

因此，当决定战争行动的时候，就要封锁关口，销毁通行符证，停止与敌国的使节往来，在庙堂上反复计议，研究决定作战大计。一旦发现敌人有隙可乘，就要迅速乘机而入。首先要夺取敌人最关紧要的地方，而不要同敌人约期交战。实施计划要随着敌情的变化而不断加以改变，以求战争的胜利。所以，战争开始要像处女一样沉静，不露声色，使敌放松戒备，战争展开之后，要像脱兔一样迅速行动，使敌人来不及抵抗。

心理支招

孙子认为，战地可分为散地、轻地、争地、交地、衢地、重地、圮地、围地、死地九类，将领在指挥作战中，要对地形进行分析，然后制定具体的作战方案，不可同日而语。这一点，我们可以运用到现代社会的推销中，因为销售就是与人打交道的行业。作为销售员，我们每天都会遇到各种各样的客户。即使我们的销售经验再丰富，还是会因为这些难缠的客户而头疼，无疑，我们最终的目的是将产品推销出去，但任何客户都有其心理软肋，这也是我们推销的突破点，只要我们对症下药、审时度势，巧妙地化解这些客户的疑问，就能顺利拿下客户，做成生意。

计划完备，迅速打开推销局面

将军之事，静以幽，正以治。

这句话的意思是，统率军队这种事情，要镇静以求深思，严正而有条理。

这里，孙子依然强调的是将领指挥作战前要思虑周全，要针对地形制订完备的计划，以此减少失误的可能。这一点，我们可以运用到现代社会的销售活动中，作为一名销售人员，每天的工作就是不断地与身边的客户打交道，可谓周而复始，重复着相同的工作内容。但你要明白，你每天所面对的客户是不一样的。如果我们总是采取千篇一律的销售策略，那么，我们的销售结果只能收获甚微。那些优秀的销售员，总会认真对待每一位客户，在销售前，都会制订一份完备的销售计划，因为这有助于他们迅速打开销售局面。

甲公司由于自身技术缺乏，准备购进一套计算机软件程序。而此时，乙公司正好有这样一批软件程序准备出售。经过接洽，双方公司分别派代表为此购买协议进行商谈。

由于此软件程序较先进，乙公司代表认为以高价卖出势在必得，于是，他并未事先了解甲公司的情况。谈判伊始，他就开门见山地对甲公司代表说：

“坦率地对贵公司说吧，这套软件我们打算要30万美元！” 此时甲方代表突然暴怒了，他脸发红，气变粗，提高嗓门辩解道：

“开什么国际玩笑，简直疯了，30万美元，这不是天文数字？认为我是白痴吗？”

结果，这场谈判就这么无声无息地结束了。

这则销售案例中，作为销售方的乙方代表，无疑他的谈判还没开始就失败了。而失败的原因很简单，他没有注重销售计划的重要性，在对甲公司的购买计划毫不了解的情况下就开门见山地提出一个“天价”，对方难以接受，谈判自然也就无从谈起。

可见，在推销之前，我们一定要制订一份销售计划。销售计划包括以下几个方面：

1.市场分析。也就是根据了解到的市场情况，对产品的卖点、消费群体、销量等进行定位。

2.销售方式。就是找出适合自己产品销售的模式和方法。

3.客户管理。就是对已开发的客户如何进行服务和怎样促使他们增加购买量提高销售；对潜在客户怎样进行跟进。

4.销量任务。就是定出合理的销售任务，销售的主要目的就是要提高销售任务。只有努力地利用各种方法完成既定的任务，才是计划作用所在。

5.考核时间。销售计划可分为年度销售工作计划、季度销售工作计划、月销售工作计划。考核的时间也不一样。

6.总结。就是对上一个时间段销售计划进行评判。

以上六个方面是计划必须具备的。关于这份计划，它越完美，我们就越胸有成竹，就越能帮助我们迅速打开销售局面。但并不是说面对不同的顾客时只用同一份计划就可以，而是要因人而异。所以在制订计划之时，要注意以下几个方面：

1.为客户量身定制一份提案。

千篇一律地进行推销工作，会显得毫无新意，也难以提起客户的兴趣。而如果你能在推销前，对要打交道的客户进行一番了解，然后针对其自身情况，为其准备好特别的提案，比如，你可以从客户的购买能力、客户的需求、客户购买产品后的利益得失等方面阐述，并把这些内容细致到一些细节问题上，那么，就能让顾客户眼前一亮。有了这份特殊的提案，你的销售工作一定会别开生面地开始。

2.不要依赖于产品介绍的内容，而要给客户一个特殊的“访问理由”。

很多销售员在访问客户的时候，总是一味地强调自己产品的优点，却被客户拒之于门外。这是因为你的说明毫无个性，不能打动客户。所以，你打算向准顾客施展的说明，必须是因人而异、完全符合各个准客户特性的说明。这就是说，你必须具备访问那个人的特殊理由。即要清楚以下问题：

①我要向他说（诉求）什么？

②我要说服他做什么？

③我打算采取什么“方法”促其实现？

④怎样准备“访问的理由”，这些“访问理由”必须内容都不一样。

也许，你认为这是相当难的事，事实上，只要你决心写出来，做这个作业你只需花费15分钟。别小看了这个作业，它会点燃你的斗志，使你不断产生各种销售计划。

当你准备好这份特别销售计划后，就要接见你的客户了，这时你要给自己2分钟的时间，在脑子里想一下下面这些事情：

1.要提醒自己销售的目的，即帮助人们对他们所购买的产品感到满意，并对他们自己的购买抉择感到是一种明智之举。

2.设想一下会发生的事情：

①想象自己穿上了顾客的鞋子在走路，也就是站在顾客的高度来考虑问题。

②想象自己的产品、服务或建议的优越性，并想象如何运用这些优越性去满足客户的需要。

③想象一个美好的结局，自己的客户获得了他们所希望得到的感受，即对他们所购买的商品及对他们自己所作出的选择均感满意。

④想象自己的愿望也实现了，这就是在轻松的气氛中以较少的气力销售了更多的商品。

作为销售人员，虽然我们每天都在不断重复着相似的工作内容，但却同样要以严谨、认真的态度来对待。正如海尔的张瑞敏曾说过这样一句话：“简单的事情重复做，就能做成不简单的事。要让自己的每一天过得平凡，但不能平庸。”销售前，我们只有制订一份完备的销售计划，才能迅速打开销售局面！

心理支招

任何一个销售人员都希望自己能拥有良好的销售业绩，希望自己成为独当一面的销售高手。而俗话说：“没有一流的销售员，只有一流的准备者。”没有目标和计划的销售都是盲目和收效甚微的。对客情的把握，是销售成功的重要方面，如果你想成为一个成功的销售员，就绝不能按部就班地学习与工作，而应该有目标、有计划地工作，这样，才会让自己的行动更有方向和动力！

不同年龄段的客户，如何劝购

孙子曰：用兵之法，有散地，有轻地，有争地，有交地，有衢地，有重地，有圮地，有围地，有死地。

这段话的意思是，孙子说：按用兵的规律，战地可分为散地、轻地、争地、交地、衢地、重地、圮地、围地、死地九类。

这里，孙子在本篇开始列出了九种不同的地形，接下来，他分析每种作战地形下该如何应对。在推销活动中，我们也可以以此借鉴。我们每天的客户群体并不是单一的，其中，不同年龄段的顾客，消费心理与特点都是不同的，我们只有看菜下碟，才能对症下药，激发他们的购买欲。

飞飞是一名卖场销售新手，没有工作经验的他似乎总会遇到各种各样的问题。原来，他也不管对象是谁，就胡乱推销。后来，经理决定，让飞飞进行一段时间的销售培训。培训课上，飞飞第一次接触到“消费特点”这个词，原来不同年龄的消费者的消费特点是不同的。当天晚上，他就为自己家庭的各个年龄段的成员进行了一些消费特点的分析：

我们家的成员分别是：父母亲、爷爷奶奶和我。

爷爷奶奶——老年人，基本上很少有额外的消费，他们的退休金基本上已经够用。

父母亲——中年人，他们除了每天必要的生存需求之外，还有其他的一些开支，比如，爸爸每天要抽一包烟，每餐要喝点酒，所以对于父亲来说这在酒与烟上的消费是必不可少的。偶尔要请朋友吃饭也需要一定的花费，还有交通费用。母亲在美容保养上面花费较大，偶尔会与朋友一起逛街给爸爸、我还有她自己买衣服，此时也有了一定的花费。交通花费，请朋友一起吃饭的费用。另外，父母亲都是教育工作者，经常会购买一些书籍、文化用品等。

在我毕业前，我的学费是家庭的主要开支。父母每个月还要给我生活费，偶尔买衣服还要另外加钱，在校期间的消费基本上比较稳定。节假日在家里偶尔逛街，与同学一起聚会，会有一定的开支。我有台笔记本，也是不小的开支。现在毕业了，我的开支也大了起来，与朋友应酬、买时装等。

销售新手飞飞的这份关于家庭成员的分析报告在中国有一定的代表意义，反映了中国大部分家庭的销售情况，确实能帮助我们对不同年龄的消费情况有个大致的了解。的确，任何一个家庭，都由不同年龄阶段的人组成，自然有不同的消费特点。正如飞飞所说：“爷爷奶奶基本上很少有额外的消费，”这正证明了人们常说的“年龄越大手越紧”——40岁以上年龄段消费者花钱都“比较仔细”，并且表现为年龄越大越仔细。其中60岁以上的消费者近乎“特别仔细”。

总体来说，我们可以根据年龄特点对客户作出以下归纳，并拟定一些销售策略：

1.老年人的消费行为特征及销售策略。

在我国，随着人们生活水平的日益提高，老年人的人口基数越来越庞大。另外，由于子女都已成家立业，老年人的家庭负担已大为减轻，他们有一定的储蓄可供消费支出。庞大的人口基数和一定的消费能力表明老年消费群体是一个潜力巨大的“银色市场”。一般来说，老年人的消费内容主要集中在饮食、医疗保健和文化娱乐方面；消费习惯比较确定，对产品的品牌忠实程度很高。

因此，在劝老年顾客购买时，我们最好可以将产品的性能与其健康、饮食、医疗、娱乐等方面联系起来，另外，还要强调产品的安全性和实用性，尽量让他们放心购买。

2.中年人的消费特征及销售策略。

一般来说，中年人在消费时比青年人要理智、稳重、有所节制。因为他们知道金钱来之不易；另外，他们一般都是家庭的经济支柱，身上肩负家庭的重任，他们更懂得储蓄。他们的消费特点如下：

①消费时多是理性的、计划性的，而不是情绪性的、冲动性的。

②消费时会综合考虑各方面的因素，更注重商品的实用性和性价比，而不是像青年人那样注重产品的包装、颜色、款式等。

③注重商品使用的便利性，倾向于购买能减轻家务劳动时间或提高工作效率的产品。

④不盲目追赶潮流，对新产品缺乏足够的热情。

⑤消费需求稳定而集中，自我消费呈压抑状态。

因此，在劝说中年人购买的时候，我们尽量要从产品自身出发，多介绍产品能给他们带来的益处，必要之时可以为他们介绍购买的成本，让其觉得产品质优价廉。

3.青年的消费特征及销售策略。

青年阶段是人生最富有创造性和追求独立性的阶段。在中国，目前大约有三亿多青年消费者，约占全国总人口的四分之一。青年消费者通常具有以下几点消费特征：

1.市场潜力大，消费能力很强。

2.自我意识强烈，消费时很具有时代感，不愿意落伍。

3.消费行为易于冲动，富有情感性。

比如，我们发现，一些青年人在购物的时候，会很关注产品的款式、颜色、包装等，甚至这些要素在某种程度上决定了他们是否购买该产品的第一要素。

另外，青年消费者的消费兴趣具有很大的随机性和波动性，一会儿喜欢这种商品，一会儿又喜欢另外一种。

因此，在劝说青年人购买的时候，我们可以多强调商品的个性化特点，比如，我们可以这样说：“看得出来，小姐是个注重时尚和品位的人，如果您穿上这双高跟鞋，一定有很多人成为你的粉丝，掀起一阵时尚流。”

心理支招

处于不同的作战地形，将领要采取不同的战术，同样，推销也要看人劝说，客户处于什么样的年龄阶段，购买需求是不同的，我们只有了解和掌握不同年龄段的人群的消费特点和习惯，才能对症下药，做好说服工作。

看菜下碟，不同消费群体如何应对

是故散地，吾将一其志；轻地，吾将使之属；争地，吾将趋其后；交地，吾将谨其守；衢地，吾将固其结；重地，吾将继其食；圮地，吾将进其涂；围地，吾将塞其阙；死地，吾将示之以不活。

这段话的意思是，因此，在散地，我就要使军队专心一致；在轻地，我就要使部队相连接；遇争地，就要迅速前出到它的后面；逢交地，我就要谨慎防守；在衢地，就要巩固与诸侯国的结盟；入重地，就要保证军队粮食的不断供应；经圮地，就要迅速通过；陷入围地，就要堵塞缺口；到了死地，就要显示死战的决心。

这里，孙子针对九种不同的地形阐述了九种不同的作战方针，希望将领们要灵活变通，不要墨守成规。同样，在推销过程中，推销人员也要具备这样的分析能力，要懂得看菜下碟，根据不同的消费群体制定不同的销售策略。

销售员：您好，严总，打扰了，我是A公司的小王，我们上次在贵公司见过面，还记得吗？

客户：记得，上次不是和你说清楚了吗，你们公司的产品有很多瑕疵，这样的产品我们不能用，你怎么还打来？

销售员：不好意思，又给您添麻烦了，上次的产品我们卖得很好，可能是您误解了。不过，这次，我只是想给您提供一些能够帮助您节省30%成本的一些资料，我们可以见一面吗？见一面不会做成生意，但是，确实能帮到您！

客户：还是上次你推销的那种设备吗？

销售员：不是，是另外一种，准确地说是我们的科技结晶，价值所在。

客户：哦，那具体是什么呢？

销售员：我一时也说不清楚，而且担心误导您，如果您有时间，我给您看些资料，您看怎样？

客户：行啊！

很明显，范例中的客户是属于严谨的一类人，而销售员采用的办法就是，用利益来诱惑客户，使得客户有继续听下去的欲望。

在销售中，销售员要想激发客户的购买欲望，就要有机智的大脑，因为我们可能会遇到不同类型、不同性格的客户。如果不能正确了解各种类型客户的性格特点，就很难做到对症下药。所以销售员在销售中研究客户的性格特点尤为重要。

下面介绍几种不同类型的客户以及应对方法：

1.热情型客户。

热情型的客户活泼外向，善于交际，积极乐观，对销售员比较友好。他们的沟通能力较强，而且反应迅速，富有创造力。他们为人做事爽快，决策果断，比较喜欢新潮的东西，有时候会感情用事。销售员在同他们建立感情的时候会比较容易。

一般来说，热情型的客户希望对方也能报之以李，他们渴望对方的认可和肯定，总是希望成为别人关注的对象，形成自己的影响力。所以销售员在同这部分人打交道的时候，要注意以下几点：

（1）赞扬对方。在交谈过程中，热情型的客户会时常提出自己的想法和建议，这时候，销售员不要与之争论，反而要学会赞扬对方。

（2）销售员在向这部分人介绍产品或服务的时候，最好顺应他们求新、求异的心理，向他们推荐那些比较新颖、特别的产品或服务。利用产品的新包装、新特点等，强调产品的个性化趋势来吸引客户。我们还可以以“新”来敲开对方的大门。

2.挑剔型客户。

挑剔几乎是每个客户的“毛病”，尤其是对产品熟悉的客户。在销售员准备推销的时候，很多挑剔型客户就开始滔滔不绝地抱怨了：有的客户常常会对我们的产品、公司甚至是销售员百般挑剔，一会儿不满意产品的质量、价格；一会儿嫌产品性能不好；一会儿又抱怨公司不够优秀，服务不够完善等。他们就是典型的挑剔型客户，总是希望得到最好最完美的产品。

在同挑剔型客户交流时，销售员应该注意以下问题：

（1）保持冷静，控制自己的不良情绪，平静地对待挑剔者的种种责难。这类客户一般是愿意购买的，只是嘴上不饶人，只要顺着他就行，销售员千万不能批评或是责骂客户先顺从客户的意见，然后再婉转地指出客户的错误。“您说得有道理，但是……”这种句式不仅能顺利表达销售员自身的想法，而且还照顾到了客户的情绪，非常有效。

（2）主动为客户找到购买的理由。客户会挑剔，说明他有很多异议。但主要的异议是什么，就要销售员具体问题具体分析了。洞悉背后的主要异议是打开客户心扉的关键。找到客户挑剔的原因以后，我们就应该针对客户的真实需求，主动为客户寻找购买的理由，一次次强化产品的优势，促成约访。

3.专业型客户。

很多客户在有些领域涉足很深，有时候比销售员更加专业，懂得更多。很多销售员被这些客户一问就哑口无言了，比如，他们总是会问：“这种产品的技术缺陷解决了没有啊？”“据我所知，利用这种机电所生产的产品都会存在一些问题。”这就是专业型客户。这些问题，很多销售员都回答不上来。

面对专业型客户具有挑战性的提问，我们应该认真地审视自身的能力和技巧。一般情况下，一个优秀的销售员最希望遇到的就是比较在行的客户，因为在介绍产品时，可以不必费时费力地向对方解释。但如果销售员自身能力不足，不仅不能获得客户的认可，而且还会影响企业或公司的形象。所以销售员应该注意：

（1）在做销售工作时，一定要注意加强自身的专业素质，要对自己销售的产品有很深的了解和认识，这样才足以面对那些提问专业的客户们。

（2）赞美客户的专业性，并一一解答问题，千万不能回避。对于一些局限性的问题要实事求是地说明。

总之，销售中，我们只要找出对方的性格特点，对症下药、看人下菜就能有的放矢加快销售进程，达到销售目的。

心理支招

推销过程中，与客户打交道与孙子提出的“根据地形制定作战战术”有着共通的道理，每个推销员要想成功劝说，就要有出色的信息分析能力、敏锐的体察能力以及灵活的反应能力，要懂得看菜下碟，寻找到最佳的与客户沟通的方式。

精于合作，找个帮手帮你推销

夫吴人与越人相恶也，当其同舟而济，遇风，其相救也如左右手。

这段话的含义是：吴国人与越国人虽然互相仇视，可是，当他们同船渡河时，如遇大风，也能互相救援，犹如一个人的左右手一样。

这里，孙子指出了合作在作战中的重要意义，盟国之间在遇到共同敌人时，应该冰释前嫌、同仇敌忾。这一点，我们也可以运用到推销中，在我们推销无效的情况下，可以找个帮手助我们一臂之力。

一般来说，人们都有这样的心理：对直接面对的交流者都心怀戒备之心，聪明的人面对这种情况绝对不会继续苦口婆心地劝说，而是懂得曲径通幽，巧借他人之口来影响对方。古人云，“他山之石，可以攻玉”，这就是思维的力量，也是心理学上的“借势效应”，而作为销售员，我们的工作目的就是实现成交。所以，无论是什么方式，只要合理合法，又不会让客户产生厌烦情绪，我们都应该去尝试一下，比如借势。因为我们发现，很多时候，我们苦口婆心地劝说客户，但客户总是心存疑虑、迟迟不肯成交，而假如此时，如果有“第三者”为我们说话，客户的这些疑虑很容易就能打消，因为在客户看来，“第三者”的利益和很多客户的利益是一致的。

销售员：“你觉得这价格贵吗？这可是我们这半年来卖出的最低价格了。”

客户：“是很贵，这远远超出我的预算，另外，我觉得你这产品也不值这个价。”

销售员：“我看你可能对我们公司的产品不了解，我们采用的是最好的原材料。价格也是合理的。”

客户：“王婆卖瓜，自卖自夸，谁不说自己的产品好啊。”

这时，店里来了另外一个客户。

“这双鞋多少钱？”这位客户问。

销售员：“399元。”

“真不贵，上次我朋友在对面那家商场买的一模一样的，牌子也一样，那双鞋要499元，这样吧，你给我包一下，这双我要了。”

看到这位客户毫不犹豫地买下了那双鞋，刚开始和销售人员在价格上没达成统一意见的那位客户二话不说，也买下了。

这次销售之所以能成功，主要因素是另外一位客户的出现。让客户消除了对价格的异议，完成了销售活动。这给销售人员一个启示，有时候不妨利用外界的力量，找个帮手为自己解决销售中的阻碍。

那么如何才能找到一个好帮手呢？这需要你遵循以下原则：

1.帮手必须能弥补自身的不足。

每个人都有自己的不足，比如性格缺陷，尤其对于销售人员来说，这些不足很多时候就会阻碍销售活动的进行，此时，销售人员不妨找个好帮手帮自己销售，这样，就能弥补自己的不足。

比如，如果销售员性格比较急躁，容易发火，那么就可以找一个性格稳重、经验丰富的人作帮手；如果客户对产品的技术或研发方面存在异议，而销售员不能很好地解决，就可以找一个能提供技术支持的帮手；如果客户对产品质量不放心，而销售员又无法充分说服对方时，就可以找一个产品检疫方面的负责人进行解说。

这样一来，在谈判阶段，销售员就能与帮手优势互补，对客户应付自如。否则，要么谈判不欢而散，要么客户在利益上占尽优势。为了避免这种情况的发生，销售员必须找一些能在各方面弥补自身不足的帮手。

2.帮手必须能增强客户的信心。

这就是很多商家重金聘请权威人士的原因。因为权威人士的言语能给客户购买的信心，权威人士的一句话往往比销售员费尽口舌地游说更加有效果。当然，邀请到这样一位以第三方身份出现的权威人士并非易事，而且他们在整个谈判过程中也不会参与太多的谈判话题，但是他们的作用不能忽视。这些人的身份、地位和声誉等方面的影响会让客户更加有信心，他们的意见能对交易产生积极的推动作用。所以，我们可以邀请一些社会上的权威人士参与销售，如某方面的专家，某领域的知名人物等。

3.有充分决策权的人也是好帮手。

很多时候，销售活动中，销售人员并没有决策权，加强了销售的难度。如果销售员没有充分的决策权，那么在销售过程中，就需要这样一个有充分决策权的帮手，可以是上司领导等有决策权的人。一方面，这些人的出现，会体现出对客户的重视和尊重以及销售的诚意；另一方面，在销售进行得如火如荼的时候，这些有充分决策权的人也能拍案决定，不至于让销售员陷入被动，也避免了销售员费时费力地向上级请示，有利于提高谈判的效率。

总之，在销售中选定一个好帮手，会对你的销售起到事半功倍的作用。当然接下来仍然需要你的努力。如果在接下来的销售中，你的说服工作不得要领，同样难以取得成功。所以在此之后，你还要确定一个明确的目标，以及你和帮手在销售中各自的任务，这样明确分工、目的明确，才不至于在销售过程中乱了阵脚，从而更容易赢得客户的信赖和赏识。

心理支招

孙子认为，作战中，联合其他力量，能助我们所向披靡，同样，作为销售员，我们要想有效地控制整个销售局势，我们不妨借借势，让他人来帮助自己完成销售工作。

第十二篇　火攻篇：以火佐攻，顺势而为

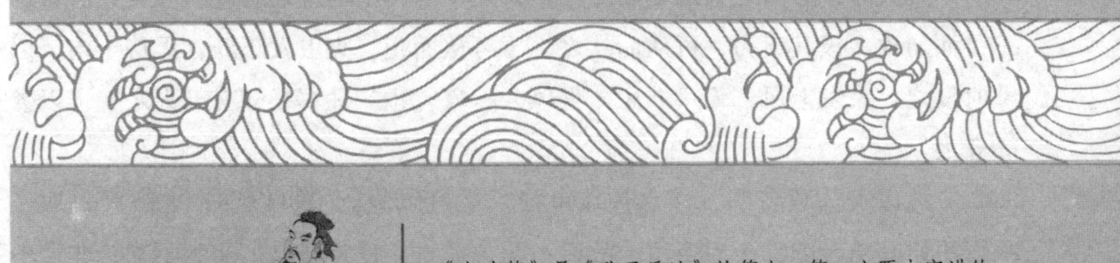

《火攻篇》是《孙子兵法》的第十二篇，主要内容讲的是以火助攻作战战术。全篇内容大致分为四部分：

一、提出火攻的对象有五，即：火人、火积、火辎、火库、火队。

二、分析火攻应具备的主客观条件。

三、提出实行火攻所应采取的灵活对策。

四、提出火攻与水攻都属于进攻敌军的辅助措施，两者对于战胜敌军各有特点，为将者必须谨慎选择，要“合于利而动，不合于利则止”，要从“安国安军”的大局出发，赏罚分明，进退有变，决不可凭一时的意气用事，导致遭亡国覆军之祸。

火攻篇——火攻乃进军辅助措施

孙子曰：凡火攻有五：一曰火人，二曰火积，三曰火辎，四曰火库，五曰火队。行火必有因，烟火必素具。发火有时，起火有日。时者，天之燥也；日者，月在箕、壁、翼、轸也。凡此四宿者，风起之日也。

凡火攻，必因五火之变而应之。火发于内，则早应之于外。火发兵静者，待而勿攻，极其火力，可从而从之，不可从而止。火可发于外，无待于内，以时发之。火发上风，无攻下风。昼风久，夜风止。凡军必知有五火之变，以数守之。

故以火佐攻者明，以水佐攻者强。水可以绝，不可以夺。夫战胜攻取，而不修其功者凶，命曰费留。故曰：明主虑之，良将修之。非利不动，非得不用，非危不战。主不可以怒而兴师，将不可以愠而致战；合于利而动，不合于利而止。怒可以复喜，愠可以复悦；亡国不可以复存，死者不可以复生。故明君慎之，良将警之，此安国全军之道也。

这段话的意思是：

孙子说：火攻有五种目标：一是焚烧敌人的人马，二是焚烧敌军的粮草积聚，三是焚烧敌军的辎重，四是焚烧敌军的仓库，五是焚烧敌军的运输设施。实施火攻必须具备一定的条件，发火器材必须经常准备好。发火还要选择有利的时候，起火要选准有利的日期。所谓有利的时候，指的是天气干燥；所谓有利的日期，指月亮运行到“箕”“壁”“翼”“轸”4个星宿的位置，凡是月亮运行到这4个星宿位置时，就是起风的日子。

凡用火攻，必须根据上述五种火攻所造成的情况变化，适时地运用兵力加以策应。从敌人内部放火，就要及早派兵从外面策应。火已烧起，而敌军仍能保持镇静的，要观察等待，不要马上进攻，等火势烧到最旺的时候，视情况可以进攻就进攻，不可以进攻就停止。火也可以从外面放，那就不必等待内应，只要时机和条件成熟就可以放火。火发于上风，不可从下风进攻。白天风刮久了，夜晚风就会停止。军队必须懂得五种火攻方法的变化运用，等候具备条件，然后实施火攻。

用火来辅助进攻的，明显地容易取胜；用水来辅助进攻的，攻势可以加强。水可以断绝敌人的联系，却不能烧毁敌人的蓄积。凡打了胜仗，攻取了土地、城池，而不能够巩固胜利，是危险的，这就叫作“费留”。因此明智的国君一定要慎重地考虑这个问题，优秀的将帅必须认真处理这个问题。不是对国家有利，就不要采取军事行动，没有取胜的把握，就不要随便用兵，不到危急紧迫之时，就不要轻易开战。国君不可凭一时的恼怒而兴兵打仗，将帅不可凭一时的怨愤而与敌交战。符合国家利益就行动，不符合国家利益就停止。恼怒可以重新欢喜，怨愤可以重新高兴，国亡了就不能再存，人死了就不能再活。所以明智的国君对战争问题一定要慎重，良好的将帅对战争问题一定要警惕，这是安定国家和保全军队的关键！

心理支招

《火攻篇》是《孙子兵法》的第十二篇，主要内容讲的是以火助攻作战战术，这是一种借势的作战策略，生活中的我们也当有所启示，作为中国人，都知道太极的精髓在于“借力打力”“四两拨千斤”“以柔克刚”，懂得借助他人力量的人，取得的成就常常会超越他人。一个懂得借力的人，讲究的策略是后发制人，敌动己不动，战胜对手，有时甚至可以在不利的条件下，使自己反败为胜，永远立于不败之地。

借势生风，才会大有作为

孙子曰：凡火攻有五：一曰火人，二曰火积，三曰火辎，四曰火库，五曰火队。

这句话的意思是，孙子说：火攻有五种目标：一是焚烧敌军的人马，二是焚烧敌军的粮草积聚，三是焚烧敌军的辎重，四是焚烧敌军的仓库，五是焚烧敌军的运输设施。

这里，孙子阐述的是火攻在作战中起到的作用，火攻即通过破坏敌军的粮草设施来降低对方战斗力的方法。

自古以来，人们就讲究“天时、地利、人和”，方能成就大事。实际上，这都是借外力而为，顺势成事才是真正的大智慧。所以，当我们直接向前行却难以取得大的成就的时候，不妨舍弃坚持，借力行事，顺势而为之，必将成大事。

我们都知道，曾国藩是中国近代史上有着巨大影响的人物。梁启超对世人说：“曾文正者，岂唯近代，盖有史以来不一二睹之大人也已；岂唯我国，抑全世界不一二睹之大人也已。”毛泽东对友人黎锦熙说：“愚于近人，独服曾文正，观其收拾洪杨一役，完满无缺。使以今人易其位，其能如彼之完满乎？”

曾国藩之所以能获得幕僚敬仰、后世论道，其中重要的原因就是因为他懂得借势生风。清末，农民起义风起云涌，内忧外患，曾国藩借势崛起，事功莫大。也由于曾国藩的礼贤下士，擅纳同类，因此，一大群和曾国藩的经历、志向、精神状态都颇为相近的文人武夫纷纷聚集其周围。这些人为曾国藩打败太平军、捻军出谋划策、摇旗呐喊，也和曾国藩一道诗酒酬酢、论文说道。

可以说，犹太人是精于借势的最佳代表。犹太人不论是商界或科技界的成功者众多，普遍都具有善于借助别人之智的本领。

犹太人米歇尔·福里布尔经营的大陆谷物总公司，就是懂得这一道理，进而从一间小食品店发展成为一家世界最大的谷物交易跨国企业，米歇尔不惜花重金聘请具有真才实学的高科技人才来为自己效力。另外，他还引进了先进的通信科技设备。这样，使其公司信息灵通，操作技巧精通，竞争能力总胜人一筹。他虽然付出了很大代价取得这些优势，但他借用这些力量和智慧赚回的钱远比他支出的大得多，可谓“吃小亏占大便宜”。

独木不成林，单打独斗并不是明智的方法。那些事业有成的人，除了自身的智慧和能力外，跟懂得运用借势的智慧是分不开的。一个人再聪明，条件再优越，也不是三头六臂，也需要借助他人的力量。由此可见，一个人要想成功，就应该懂得借势，而且还要在生活实践中灵活地运用借势。

我们现实生活中的每个人，都应该学习借力打力的智慧。在竞争激烈的今天，那些实力弱小的人，如果仅凭自己的力量是很难获得成功的，只有发现有利于自身发展的有利资源，才能为自己开拓更为广阔的天地。

心理支招

一个善于运用心理计谋的人，常常善于发现当下的时局，或者他人身上的长处，并能够加以利用，协调各方之间的关系，让好的形势为我所用，借助外力，实现自己的目标。

借人之威，成己之事

孙子曰：“故以火佐攻者明。”

这句话的意思是，用火来辅助进攻的，明显地容易取胜。

这里，孙子指出火攻在战争中的辅助作用，现实生活中的我们也要懂得“借势”，当然，借势的方法有很多种，其中就有“借人之威，成己之事”，这里的“威”，指的是“威信”“名声”等，也就是心理学上的“名人效应”。生活中，我们可能都有过这样的经历：如果有一群人想要结识你，其中有一个人说他认识某某明星的经纪人；或者说他和某大企业的总经理一起吃过饭；或者说自己曾经有过一段不平凡的经历，你会不会对他格外注意或者寻长问短，希望得到这些人的一些“信息”？或许你对这些不感兴趣，但至少你会记忆深刻，当下次他再找你说话时，你会毫不犹豫地叫出他的名字。

生活中，这样的现象实在太多了，在社交界流行一句话：“一个人能否成功，不在于你知道什么，而在于你认识谁。”这里的“谁”，我们一看便知，就是一些有威信的“名人”，名人因其有较高的知名度，人们对其语言的信服程度也会较高。

事实上，古往今来，很多人之所以能功成名就，就是借助了他人之力，比如曾国藩，他年纪轻轻便官运亨通，成功的奥秘也在于能够借人之威，成己之事。同样，生活中，如果我们善于利用名人的影响力，那么，在做事过程中会轻松很多。

从前，在某个山洞中有一只老虎，因为肚子饿了，便跑到外面寻觅食物。当它来到一片茂密的森林时，忽然看到前面有只狐狸正在散步。它觉得这正是个千载难逢的好机会，于是，便一跃身扑过去，毫不费力地将它擒过来。可是当它张开嘴巴，正准备把那只狐狸吃进肚子里的时候，狡黠的狐狸突然说话了：“哼！你不要以为自己是百兽之王，便敢将我吞食掉；你要知道，天地已经命令我为王中之王，无论谁吃了我，都将遭到天地极严厉的制裁与惩罚。”

老虎听了狐狸的话，半信半疑，可是，当它斜过头去，看到狐狸那副傲慢镇定的样子，心里不觉一惊。原先那股嚣张的气焰和盛气凌人的态势，竟不知何时已经消失了大半。虽然如此，它心中仍然在想：我因为是百兽之王，所以天底下任何野兽见了我都会害怕。而它，竟然是奉天帝之命来统治我们的！

这时，狐狸见老虎迟疑着不敢吃它，知道它对自己的那一番说辞已经有几分相信了，于是便更加神气十足地挺起胸膛，然后指着老虎的鼻子说：“怎么，难道你不相信我说的话吗？那么你现在就跟我来，走在我后面，看看所有野兽见了我，是不是都吓得魂不附体，抱头鼠窜。”老虎觉得这个主意不错，便照着做了。

于是，狐狸就大模大样地在前面开路，而老虎则小心翼翼地在后面跟着。

它们没走多久，就隐约看见森林的深处，有许多小动物正在那儿争相觅食，但是当它们发现走在狐狸后面的老虎时，不禁大惊失色，狂奔四散。

这时，狐狸很得意地掉过头去看看老虎。老虎目睹这种情形，不禁也有一些心惊胆战，但它并不知道野兽怕的是自己，而以为它们真是怕狐狸呢！

这里，我们先不评价狐狸的行为恰当与否，不可否认的是，狐狸是聪明的。它之所以能得逞，是因为它假借了老虎的威风。

当然，生活中，我们都是普通人，不可能结识那么多有影响力的名人，但我们同样可以运用这一效应帮助我们达到办事的目的，这就需要你掌握一些心理策略技巧，不动声色地以名人为话题，主要有以下几个途径：

1.装作“无意识”地提及名人。

在和别人谈话的过程中，我们要学会不露声色地将一些名人引进来，比如，当对方讲了一个笑话时，你可以说“您真幽默，我曾以为×××是我见过的最幽默的人。”这时候，对方会立即产生兴趣，继而会问你：“是吗？你还认识他呀……”慢慢地，话题也就引开了。

2.不露声色地表明自己和某名人的关系。

假如你和某位名人有直接的关系，而你又想在交往时用这层关系拉近与对方的距离，从而打开交流的局面，你可以用这样的方式拉开对话：“××先生您好，很高兴认识您，我经常听我叔叔（或者其他关系）提起您！”对方听你这么说，必然会问到你的叔叔是谁，这时候你就可以很自然很巧妙地达到目的了。

另外，如果你认为自己的身份、能力或者社会地位已经能引起对方重视，你也可以“借助”自己的影响力，比如，你可以这样说：“您好，先生，我叫××，是××公司的市场部总监，不知道您对我们公司是否有了解，我们致力于为企业培养最专业的人才，在上海和广州都有分公司，我们为××公司等多家知名公司提供了多种服务。”

这段开场白中，我们发现，说话者是利用自己的职位来介绍自己的，这样介绍很有权威性，定能让客户信服。

当然，巧妙地借助名人的影响力还有很多种方法，但总之，只要我们懂得借助这些人际资源，我们往往能少走弯路地达到自己的目的！同时，借助名人的影响力，并不是狐假虎威地向别人炫耀你的人脉，直言不讳地告诉别人你认识××名人，或者××名人很赏识你是件愚蠢的事情，这样做不但不能得到别人的认可和喜欢，更可能让对方讨厌你，因为这意味着一种轻蔑和不屑。因此，你在借助别人影响力的时候需要掌握语言技巧。

心理支招

人们对所熟悉的名人、权威人士都会产生一定的信服心理，正因为人们的这一心理，我们便可以借助名人的威信来达成自己的目的。

成大事者懂得收买人心

日者，月在箕、壁、翼、轸也。凡此四宿者，风起之日也。

这句话的意思是，所谓有利的日期，指月亮运行到“箕”“壁”“翼”“轸”4个星宿的位置，凡是月亮运行到这4个星宿位置时，就是起风的日子。

这里，孙子阐述了以火佐攻的最佳时间条件——“起风时”，火攻是战争胜利的辅助条件，将这一条件利用得好，战斗成功的可能性更大。同样，我们每个人，在奋斗路上，如果懂得借势，也会少走很多弯路。我们深知，任何一个人，都不是生活在自己的小世界里，都必须接触社会，而一个人要想成功，更要借助别人的力量。

俗话说“一个篱笆三个桩，一个好汉三个帮”，“在家靠父母，出门靠朋友”。世界首富比尔·盖茨经常被问到，如何成为世界首富？他每一次的回答都是，因为我请了一群比我聪明的人来帮我工作。所以说，一个人的成功并不取决于他自己的力量有多大，而是取决于他能够借助别人力量的能力有多强。因此，在这个人际关系重要性日益凸显的社会，我们必须懂得一些人情世故，感情投资必不可少，先“收买”人心才能获得好位子，这是一个人立于世的前提，而如何处理好人情，更体现了一个人的处世能力和智慧。

《战国策》中有这样一个故事：齐国人冯谖由于贫困潦倒，几乎没有办法维持生计了，失意非常。无奈之下，冯谖前去投靠孟尝君。孟尝君问他有什么才能没有，他说没有，但是礼贤下士的孟尝君还是把他收留了下来。后来，冯谖两次三番地对所受到的待遇感到不满，于是弹剑而歌，孟尝君闻知后，都一一满足冯谖的要求，让其在心理上也有了满足感和安全感。后来，冯谖自愿去薛地收债，通过巧妙的操纵，让薛地百姓对孟尝君感恩戴德，为孟尝君开辟了一条后路。

冯谖就是孟尝君生命中的贵人，他之所以绞尽脑汁竭尽全力地为孟尝君做事，就在于报孟尝君的知遇之恩，报孟尝君救自己于失意之中。可以说，在这一点上，孟尝君确实有独到之处，交落难英雄是一种智慧。其实，像这样的事例在历史上何其之多，他们最终都取得了双向的成功。

成功大师卡耐基告诉我们，主动对别人表示兴趣和关心，就能交到更多的好朋友。的确，主动交往对人际往来起着积极作用，它能促进人际关系的结成，并能进一步巩固人际关系，让人情为你所用。一个人即使有三头六臂，也只能完成一些有限的事情，一个人可以失去一切，但他不能失去朋友，一个能成大事的人，不在于他自身的能力有多强，而关键在于他借助别人的强大力量。

曾经有个落魄作家霍桑，他的成功就来自于他朋友们的长期帮助。他的朋友是在离家出走的时候，被他发现并收留了。刚开始，他根本没有想到要写书，他是个工人，可是随着社会大潮的一步步推进，他最终下岗了。他伤心地告诉他的朋友，他的工作丢了，他是一个大失败者时，他的朋友却信心十足，并且很高兴地说：“现在，你可以写你的书了，我一直是你最忠实的读者！”

“不错”，霍桑说，“可是我写作时，我们怎样维持生计？”他的朋友打开抽屉，拿出一堆钱来，说道：“这是我这些年来的积蓄，够你生活一年了。”

霍桑热泪盈眶，欣喜不已。

有人说，滴水之恩当涌泉相报，往往你给别人的一点友好，会换来别人的鼎力支持，这个作家就是个很好的例子。作家霍桑说过："人与人之间的互助是绝对重要的，可以关系到一个人是凡人还是巨人。"所以，我们要学会进行情感投资，然后收获成功。

那么，我们该怎样收买人心呢？

1.真诚待人。

当你发自内心地对别人友好时，别人就会感觉到你真诚的心意，不知不觉对方就会对你产生信任感，你们之间就有了好的开头。

拥有好人缘和好的人际关系，能让人情为己所用，在成功的路上助自己一臂之力。

2.主动结交和帮助对方。

当你经营人脉的时候，最重要的就是主动帮助别人，不断地帮助别人，尽你所能地帮助别人，只有这样，你才会获得别人的信任和好感，你储存的人脉才会越来越广，他日你需要帮助的时候，这些人必当挺身而出，为你效力。

3.给其精神上的鼓励。

很多时候，对方之所以陷入困境，并不是能力的问题，而可能是失误或者外部原因。因此，他一般都会走出困境，你给他精神上的鼓励，哪怕是简单的一句"加油"，都会让他感觉是雪中送炭。

4.要不着痕迹地给对方好处。

越是在不显山露水中给足对方好处和利益，对方越是感激。因为这足以显示出你的体贴和细心。

5.不忘一些物质上的往来。

众所周知，人情和送礼是分不开的，没有礼物的人情就如同一张空头支票，送礼的主要目的是给人带来欢欣。当然，你也需要掌握一些送礼的技巧，这样，既不让你花太多的冤枉钱，也能让别人感受到你的心意，丝毫没有任何的小气之嫌。俗话说得好："千里送鹅毛，礼轻情意重。"只要用心，受礼物的人一定能感受到。

心理支招

会对别人付出，你就会有回报，利用人际关系，成功之路走得会更畅通，学会做人是立世之本，提前进行情感投资是追求个人成功最保险的方式。一个能够为别人付出情感的人，才是真正富足的人！

跟随权重，找个靠山

行火必有因，烟火必素具。发火有时，起火有日。

这句话的意思是，实施火攻必须具备一定的条件，发火器材必须经常准备好。发火还要选择有利的时候，起火要选准有利的日期。

这里，孙子认为，即使是使用火攻，也要具备一定的条件。同样，“借势成事”，我们也要选择那些有分量的权重，人生世上，都是在一定的的社会环境中生活的，都是在一定的社交圈子中来往的。正如名人所言：“人是社会关系的总和。”人们参与社交，也都希望能结交有助于我们发展的人士，也就是人们常说的“贵人”与“贤人”，遇上“贵人”与“贤人”，必定“大富大贵”。正如有位名人所说的：“一个人能否成功，不在于你知道什么，而是在于你认识谁。”然而，认识贵人并不一定能获得贵人的相助，这还要看我们是否懂得灵活应变，是否能见机行事，我们先来看看下面这则故事：

曾国藩是清末一代名将。

一天，闲来无事，他叫来幕僚们，一起谈论天下英雄豪杰。提到英雄，他说：“彭玉麟与李鸿章均为大才之人，我自知不如他们，虽然我也可以自我吹嘘一番，但我实在不屑。”

一位幕僚逢迎说：“不见得如此，他们三位各有所长，彭公威猛，人不敢欺；李公精敏，人不能欺。”说到这里，他忽然不知道该如何评价曾国藩了，哪个词最好，于是，只好语塞。有人要对自己评价，曾国藩好奇之心上涌，便穷追不舍“那么我呢”？大家你看看我，我看看你，都找不到恰当的词语来赞美曾国藩，只好沉默无语。

恰在此时，一个聪明的幕僚站出来，说道：“曾帅仁德，人不忍欺！”众人拍手称快。

曾国藩十分得意，心中暗想：“此人大才，不可埋没。”不久，曾国藩升任两江总督，那位机敏的下属担任了盐运使这个要职。

那位幕僚为什么能获得曾国藩的器重？因为他懂得见机行事，当大家都语塞、十分尴尬时，他却能把对曾国藩的恭维说得恰到好处，让曾国藩心花怒放，最终为自己的前途创造了机遇。

自古以来，那些飞黄腾达者，无不具有这种把握交际氛围的本领，他们总是能说出对味的话，让贵人很受用，现代社会的我们，也应该练就这种本事，与贵人交往，首要的任务是根据各个方面的信息，分析出他的真实内心，然后再对症下药，巧妙引导。

那么，我们该如何把握圈子中的“风向风水”，最终获得贵人青睐呢？

1.学会跟随权重。

精明的人从踏进某个人脉圈子的那一刻起，就会对圈内的所有人做一个“分量评估”，并制订一份结交各类人士的计划。“背靠大树好乘凉”，这是我们都懂的道理，赤手空拳、摸索着前进，很容易让你碰得头破血流。

2.跟随权重，也不可与之拉帮结派。

张航从新闻系毕业后，就一直做记者，他非常喜欢记者这个工作。他目前所供职的这家杂志社主要做汽车类的期刊，张航对于健康还是比较有研究的，而且也非常喜欢。所以，一直以来，他都非常努力，而且对上司和同事也非常热情。

就在一个月前，上司把张航叫到办公室谈话。得知这一小伙子是外地人，出于对属下的关心，上司对他说：“在这里工作，大家都不是外人，你就把我当成你的朋友，有什么话，就直接对我说，有什么解决不了的问题，只要我能帮你的，我尽量帮你。”初来乍到的张航听了很感动，拉着上司的手说：“我自己在外头已经三年了，三年来这是我听到的最感动的话了，从今天起，我一定好好工作。我就叫你大哥吧，正好我也没有大哥。”上司听了，微微一笑。

谁都知道这不过是上司对下属关心的一个表现，但张航偏偏多想了，觉得自己在外那么多年，有人这么关心自己，而且还是自己的上司，感觉自己好像有了归属一般。

第二天，张航有个项目要向上司交代，顺口就叫：“大哥，你看我的方案对吗？”上司当时愣了一下，所有的同事都转过头看着他们，这时，张航微笑着说：“我和上司昨天刚拜过把子。”大家都没有说什么，低下头继续工作了。

事后，上司将张航叫到办公室，说：“我们之间的交往再深，你也不要在同事面前表现出来，这样对我们俩都没有什么好处，将来我如果重用你，他们会说我滥用私情，你明白吗？”顿时，张航觉得脸发烫……

3.真诚结交。

我们若想真正帮助我们的朋友，你也要对他们付出真诚，不要只是为了想利用他们才与他们交往，你对别人好与不好，别人也会看得清清楚楚。结交朋友虽出于偶然，但是哪些是真正值得交往的朋友，就要经过郑重的考虑和长时间的相处。

我们可以根据自己的人脉发展规划，列出需要开发的人脉对象所在的领域，然后，就可以要求你现在的人脉支持者帮助寻找或介绍你所希望认识的人脉目标，创造机会采取行动。

心理支招

无论是行军打仗，还是开创事业，我们要想做出成绩，那就从现在开始考虑如何构建能够支撑你的梦想的人际关系网络，并要学会看圈子中的“风向风水”，进而结交到你生命中真正的贵人。

顺应时事，开拓思维

孙子曰：“凡火攻，必因五火之变而应之。火发于内，则早应之于外。”

这段话的意思是，凡用火攻，必须根据上述五种火攻所造成的情况变化，适时地运用兵力加以策应。

这里，孙子强调的是，如果要借用火攻的话，就要根据具体的情况进行兵力上的策应。对于生活中的我们来说，也当有所启示，顺应时事，开拓思维。

生活中，人们常说“物竞天择，适者生存”。这是自然界生物进化的基本规律。生活中的人们，在这个变化、竞争的时代，如果你能适应这种变局，你就是生活的强者。反之，就会面临巨大的危险。如果不能适应变化、竞争，无论你看起来多么强大，都会有被淘汰的危险。其实谁都明白这个道理，谁都想从残酷的竞争中脱颖而出，成为时代的强者。但真正做起来却是很难的，这需要你及时调整思维，头脑灵活，积极适应不断变化的外界环境。

有一位身材矮小、相貌平平的青年叫卡纳奇，有一天早晨，卡纳奇到达办公室的时候，发现一辆被毁的车身阻塞了铁路线，使得该区段的运输陷于混乱与瘫痪。而最糟的是，他的上司、该段段长司哥特又不在现场。

作为当时还是一个送信的仆役，卡纳奇面对这样分外的事情该怎么办呢？守职的办法是，或者立即想办法去通知司哥特，让他来处理；或者是坐在办公室里干自己分内的事。这是既能保全自己职业，又不至于冒风险的做法。因为调动车辆的命令只有司哥特段长才能下达，他人干了，都有可能受处分或被革职。但此时货车已全部停滞，载客的特快列车也因此延误了正点开出的时间，乘客们十分焦急。

经过认真、反复思考后，卡纳奇将自己的职业与名声弃之一边，他破坏了铁路最严格的规则中的一条，果断地处理了调车领导的电报，并在电文下面签上司哥特的名字。当段长司哥特来到现场时，所有客货车辆均已疏通，所有的事情都有条不紊地进行着。他起先是一惊，结果他终于一句话也没有说。

事后，卡纳奇从旁人口中得知司哥特对于这一意外事件的处理感到非常满意，他由衷地感谢卡纳奇在关键时刻的果敢、正确行为。

这件事对貌不惊人，甚至有点丑陋的卡纳奇来说是一个关系终生的转折点。此后，他便被提升为段长。

可见，一个能灵活处世、善于变通的人，他勇于向一切规则挑战，敢于突破常规，因而他也往往可以赢得他人所无法得到的胜利。

对于“与时俱进”这一词，相信我们都耳熟能详，这个成语的含义是，无论做什么都要懂得变通，毕竟我们所生活的时代每天都在变幻，守旧的思维模式只能让我们被时代抛弃。事实上，自古以来，人类的进步就是因为能做到与时俱进，能做到思维的创新，可以说，人类如果故步自封，就只会停滞不前。同样，作为单个人，能不能做到思维上的与时俱进，直接关系到一个人的事业成败，因为只有创新才能激活自己全身的能量。

诚然，在激烈的社会竞争中，是离不开胆魄、勇气、意志力的，需要思想和智慧。没有头脑的人，一旦遇到阻碍，就会为自己设置一个“不可能”的思维模式。而事实上，只要你转换一下思维，拓宽自己的思路，其实，出路就在眼前。

其次，你需要敢于开拓和尝试。变通思维是创造性思维的一种形式，是创造力在行为上的一种表现。思维具有变通性的人，遇事能够举一反三，闻一知十，做到触类旁通，因而能产生种种超常的构思，提出与众不同的新观念。科学领域中的任何建树，都需要以思维的变通为前提。一般来说，变通思维用好了，就会起到一种“柳暗花明”的奇妙作用。

心理支招

生活中的人们，如果你希望自己能适应现在的工作、生活乃至整个社会环境，你需要明白“适者生存”这个道理，并要积极思考，随时调整自己。只有这样，你的梦想和目标才会在社会大潮中成真，你才会收获成功和幸福！

第十三篇 用间篇：上智为间，搜集商情

《用间篇》是《孙子兵法》的最后一篇，本篇论述间的重要意义、方法、种类、原则等，提出了许多著名的论断。孙子认为，出兵代价庞大，而能否取胜还是一个未知数。如果能使用间谍，及时、准确地掌握敌人的军情，一举打败敌人，甚至“不战而屈人之兵”，那么，即便是付出重金代价重用间谍也是必要和值得的。同样，现代社会，尤其是一些商业活动中，情报在商战中起着决定性的作用。现代管理学认为，管理的关键是决策，决策的依据是预测，而预测的依据是信息，因此，我们要记住，不但要搜集问题出现后的信息、情报，更要掌握一些防间方法。

用间篇——用间先知，反间第一

孙子曰：凡兴师十万，出征千里，百姓之费，公家之奉，日费千金；内外骚动，怠于道路，不得操事者，七十万家。相守数年，以争一日之胜，而爱爵禄百金，不知敌之情者，不仁之至也，非人之将也，非主之佐也，非胜之主也。故明君贤将，所以动而胜人，成功出于众者，先知也。先知者，不可取于鬼神，不可象于事，不可验于度，必取于人，知敌之情者也。

故用间有五：有因间，有内间，有反间，有死间，有生间。五间俱起，莫知其道，是谓神纪，人君之宝也。因间者，因其乡人而用之。内间者，因其官人而用之。反间者，因其敌间而用之。死间者，为诳事于外，令吾间知之，而传于敌间也。生间者，反报也。

故三军之事，莫亲于间，赏莫厚于间，事莫密于间。非圣智不能用间，非仁义不能使间，非微妙不能得间之实。微哉！微哉！无所不用间也。间事未发，而先闻者，间与所告者皆死。

凡军之所欲击，城之所欲攻，人之所欲杀，必先知其守将，左右，谒者，门者，舍人之姓名，令吾间必索知之。

必索敌人之间来间我者，因而利之，导而舍之，故反间可得而用也。因是而知之，故乡间、内间可得而使也；因是而知之，故死间为诳事，可使告敌。因是而知之，故生间可使如期。五间之事，主必知之，知之必在于反间，故反间不可不厚也。

昔殷之兴也，伊挚在夏；周之兴也，吕牙在殷。故惟明君贤将，能以上智为间者，必成大功。此兵之要，三军之所恃而动也。

这段话的意思是：

孙子说：如果兴兵作战、千里征战的话，无论是百姓的耗费还是国家的开支，每天最起码要耗费千金以上，并且，国无宁日、民不聊生，人们四处奔波，也无法从事农业劳作。战争双方相持数十年，是为了胜于一旦，如果将领因为吝啬钱财而不重用间谍的话，在无法了解敌军的情况下，最终会失败，那就太“不仁”了。这样的将帅，不是军队的好将帅，不是国君的好助手；这样的国君，不是能打胜仗的好国君。英明的国君，贤能的将帅，之所以一出兵就能战胜敌人，成功地超出众人之上的原因，在于他事先了解敌情。而要事先了解敌情，迷信鬼神和占卜是无用的，也不能拿过去相似的事情作类比，也不可用观察日月星辰运行位置去验证，一定要从了解敌情的人那里去获得。

使用间谍有五种：有因间，有内间，有反间，有死间，有生间。五种间谍同时都使用起来，使敌人莫测高深而无从应付，这是神妙的道理，是国君制胜敌人的法宝。所谓因间，是指利用敌国乡里的普通人做间谍。所谓内间，是指收买敌国的官吏做间谍。所谓反间，是指收买或利用敌方派来的间谍为我效力。所谓死间，是指故意散布虚假情况，让我方间谍知道而传给敌方，敌人上当后往往将其处死。所谓生间，是指派往敌方侦察后能活着汇报敌情的。

所以军队人事中，没有比间谍再亲信的，奖赏没有比间谍更优厚的，事情没有比用间更机密的。不是才智过人的将帅不能使用间谍；不是仁慈慷慨的将帅也不能使用间谍；不是用心精细、手段巧妙的将帅不能取得间谍的真实情报。微妙啊！微妙啊！真是无处不可使用间谍呀！用间的计谋尚未施行，就被泄露出去，间谍和知道机密的人都要处死。

凡是要攻击的敌方军队，要攻的敌人城邑，要斩杀的敌方人员，必须预先了解那些守城将帅、左右亲信、掌管传达、通报的官员、负责守门的官吏以及门客幕僚的姓名，命令我方间谍一定要侦察清楚。

必须搜索出敌方派来侦察我方的间谍，以便依据情况进行重金收买、优礼款待，要经过诱导交给任务，然后放他回去，这样，反间就可以为我所用了。从反间那里得知敌人情况之后，所以乡间、内间就可得以使用了。因从反间那里得知敌人情况，所以散布给死间的虚假情况就可以传给敌人。因从反间那里得知敌人情况，所以生间就可遵照预定的期限，回来报告敌情。五种间谍使用之事，国君都必须懂得，其中的关键在于会用反间。所以，对反间不可不给予优厚的待遇。

从前商朝的兴起，是由于重用了在夏为臣的伊尹；周朝的兴起，是由于重用了在殷为官的姜子牙。所以，贤明的君主，智慧的将领，都能做到善用敌军的间谍，这样，一定能成就一番宏伟大业。这是用兵作战的重要招数，整个军队都要依靠间谍提供情报而采取行动。

心理支招

《用间篇》是《孙子兵法》的最后一篇，讲的是五种间谍的配合使用。书中的语言叙述简洁，内容也很有哲理性，后来的很多将领用兵都受到了该书的影响。《用间篇》与首篇始《计篇》相映衬，使孙子的“知己知彼”思想一贯到底，始终如一。

二桃杀三士：利用竞争心理使他人就范

孙子曰：凡兴师十万，出征千里，百姓之费，公家之奉，日费千金；内外骚动，怠于道路，不得操事者，七十万家。相守数年，以争一日之胜，而爱爵禄百金，不知敌之情者，不仁之至也，非人之将也，非主之佐也，非胜之主也。

这段话的含义是，孙子说：凡兴兵十万，千里征战，百姓的耗费，国家的开支，每天要花费千金，全国上下动荡不安，民众服徭役，疲惫于道路，不能从事耕作的有七十万家。战争双方相持数年，是为了胜于一旦，如果吝啬爵禄和金钱不重用间谍，以致不能了解敌人情况而遭受失败，那就太“不仁”了。

这样的将帅，不是军队的好将帅，不是国君的好助手；这样的国君，不是能打胜仗的好国君。

这是《用间篇》的开篇部分，孙子此处强调了“用间”对于作战的重要性，我们只有套取敌人的信息，掌握敌情，才能知己知彼，百战不殆。

除了作战，在社会生活中，我们也要懂得运用“离间计”，以此达到我们的目的。古代“二桃杀三士”的故事，就是这一计谋的运用：

晏子是春秋后期一位重要的政治家、思想家、外交家，晏婴身材不高，其貌不扬，但颇具智慧。

景公时，有三个勇士，名叫公孙捷、田开疆、古冶子。他们都为齐国立有很大的功劳，不把晏子这样的小矮人放在眼里。晏子便去见齐景公说：“我听说贤明的君主收养有勇力的武士，对上讲究君臣的礼仪，对下讲究长幼的人伦道理，对内可以防止强暴，对外可以威慑敌国，君主得益于他们的功劳，百姓佩服他们的英勇，所以使他们地位尊贵，奉禄优厚。现在君主所养的勇士，对上没有君臣的礼仪，对下不讲长幼的人伦道理，对内不能够禁止强暴，对外不能够威服敌国，这三个人是危害国家的祸害啊！不如除掉他们。”景公说：“这三个人武艺高强，要擒擒不了，要刺刺不中，如何是好？”晏子说：“这三个人都是凭自己的力量攻击强敌的，不懂长幼的礼仪。”于是请求景公派人给他们三人送去两只桃子，让他们论功而食。景公使人馈二桃，因三人分食缺一便说：“三位为什么不计算各自的功劳而吃桃子呢？”

公孙捷仰天长叹道：“晏子，真是个聪明的人！他让景公用这种办法来比量我们的功劳大小。不接受桃子是没有勇气，接受吧，人多桃少，我何不说说自己的功劳来吃桃子呢？我曾有一次空手击杀一只大野猪，一次徒手打死一只母老虎，像我这样的功劳，完全可以独吃一只桃子了。”说完拿过桃子站了起来。

田开疆说：“我手持武器曾两次打败敌人三军，像我这样的功劳，也可以独吃一只桃子。”说完也拿过桃子站了起来。

古冶子说：“我曾随从国君渡黄河，一头大鼋叼走左骖潜入砥柱山下的激流中。我就一头潜入水底，逆水潜行百步，又顺流而行九里，终于捉住大鼋，把它杀死了。我左手握住马的尾巴，右手提着鼋头，像鹤一样跃出水面，船夫们都说：这是河神！像这样的功劳，也可以独吃一只桃子吧。二位何不把桃子还回来。”抽出宝剑就站立起来。公孙捷、田开疆齐道：“我们的功劳不及您，拿走桃子而不谦让，这是贪心；既然这样而又不敢一死，这是没有勇气。”二人都还回手中的桃子，自刎而死。古冶子说：“二位都死了，我独自活着，这是不仁；拿话羞辱别人，而夸耀自己的功劳，这是不义，行为违背了仁义，不死，就是怕死鬼。”说完也把桃子交了回来，自刎而死。

孔子在评价晏子这一具体行为时就毫不留情地说：“晏子，小人也！”晏婴“二桃杀三士”的故事更是说明晏婴其人不光喜欢作秀，而且还很阴险毒辣。但从另一方面，我们也不得不佩服晏子的智慧，他知道这三位勇士关系深厚，不宜攻破，故而用二桃来离间他们之间的关系。

从二桃杀三士的故事中，我们可以得出启示：利用他人之间的竞争心理，能使对方就范。在我们的生活中，也有一些人效仿晏子的手段，他们收买联盟中的一部分人，而冷落另一部分人，把矛盾转移到对方阵营的内部。虽然这是一种玩弄人际平衡、以术代道的小人手段，但确实也体现了古代孙子“用间”的智慧。而竞争，在字典里是这样解释的：为了自己的利益而跟别人争胜。良性竞争是发展自己、提高自己的动力。所以，在一些社会交往中，我们也可以借此达成自己的目的，比如，企业管理中，我们可以借此激发员工的积极性，而在家庭教育中，我们可以倡导孩子进行良性竞争。

好胜心是人的天性。无论是牙牙学语的孩子还是白发苍苍的老人，都有着强烈的好胜心理。比如，青年人用根绳子拔河，没有哪个不竭尽全力的。各种各样的体育比赛，只要是上了场的运动员，不论年龄有多大，没有一个不想赢得这场比赛的……人如果没有这种好胜心，人类社会就不可能前进。而在企业中，如果每个员工也有强烈的好胜心，都争做第一，那么，这个企业就活了。当然，怎样让员工产生你追我赶的竞争态势，是每个领导者的本职工作。

国外有一家工厂，工人没有一点积极性，生产十分糟糕，老板想尽了办法，哄骗、责骂、强迫甚至开除，都无济于事。

有一天傍晚，正是日、夜班快要交接的时候，厂长来到工厂，问日班的工人：“今天你们这一班做了几个产品？”

“6个。”

厂长没说一句话，用粉笔在地板上写了一个大大的“6”字就离开了。

夜班工人上班时看到这个“6”字后，问明了它的含义。

第二天厂长来到工厂的时候，夜班工人已经将“6”字换成了“7”字。

夜班工人看到这个由“6”字改成的“7”字，不服气，他们决心给夜班一点颜色看。在班长的组织下，他们加紧工作，下班前，将“7”字改成了一个神气十足的“10”字。

很快，这个生产很糟糕的工厂变得蒸蒸日上、很有生气。

这位厂长利用员工的好胜心，激起竞争，取得了预想不到的效果。

的确，任何一个企业管理者，都应该做到强化员工的忧患意识，对于企业的规章制度和奖惩制度处理除了要完善和人性化以外，还应切实加强“竞争力”和“执行力”！打破以往的惯性管理，提出“以人为本”，调动员工的积极性，竞争意识！

心理支招

“二桃杀三士”虽然是个悲剧，也未必是君子所为，但却是孙子“用间”智慧的巧妙运用，现实生活中，为了激发他人的竞争心理，我们也可以采用这一“离间计”。

周瑜如何巧施反间计

孙子曰：“五间之事，主必知之，知之必在于反间。”

这句话的意思是，五种间谍使用之事，国君都必须懂得，其中的关键在于会用反间。

在《孙子兵法》里尤其强调间谍的作用，认为将帅打仗一定要事先了解敌方的情况，要准确掌握敌方的情况，而这些不要靠鬼神，不要经验，需要靠间谍去完成。在《孙子兵法》中，孙子尤其强调反间计的使用，而所谓反间，孙子也有阐述，“反间者，因其敌间而用之。”意思是：“所谓反间，是指收买或利用敌方派来的间谍为我效力。”并且，孙子给出具体的“反间”方法：“必索敌人之间来间我者，因而利之，导而舍之，故反间可得而用也。”意思是：“必须搜索出敌方派来侦察我方的间谍，以便依据情况进行重金收买、优礼款待，要经过诱导交给任务，然后放他回去，这样，反间就可以为我所用了。”而在中国历史上，将反间计运用得淋漓尽致的，当属三国时期的周瑜了。

三国时期，赤壁大战前夕，周瑜巧用反间计杀了精通水战的叛将蔡瑁、张允，就是个有名例子。曹操率领的军队号称八十三万大军，准备渡过长江，占据南方。当时，孙刘联合抗曹，但兵力比曹军要少得多。

曹操的队伍都由北方骑兵组成，善于马战，但不善于水战。正好有两个精通水战的降将蔡瑁、张允可以为曹操训练水军。曹操把这两个人当作宝贝，优待有加。一次，东吴主帅周瑜见对岸曹军在水中排阵，井井有条，十分在行，心中大惊。他想一定要除掉这两个心腹大患。

曹操一贯爱才，他知道周瑜年轻有为，是个军事奇才，很想拉拢他。曹营谋士蒋干自称与周瑜曾是同窗好友，愿意过江劝降。曹操当即让蒋干过江说服周瑜。周瑜见蒋干过江，一个反间计就已经酝酿成熟了。他热情款待蒋干，酒席筵上，周瑜让众将作陪，炫耀武力，并规定只叙友情，不谈军事，堵住了蒋干的嘴巴。

周瑜佯装大醉，约蒋干同床共眠。蒋干见周瑜不让他提及劝降之事，心中不安，哪里能够入睡。他偷偷下床，见周瑜案上有一封信。他偷看了信，原来是蔡瑁、张允写的，约定与周瑜里应外合，击败曹操。这时，周瑜说着梦话，翻了翻身子，吓得蒋干连忙上床。过了一会儿，忽然有人要见周瑜，周瑜起身和来人谈话，还装作故意看看蒋干是否睡熟。蒋干装作沉睡的样子，只听周瑜他们小声谈话，听不清楚，只听见提到蔡瑁、张允二人。于是蒋干对蔡瑁、张允二人和周瑜里应外合的计划确认无疑。

他连夜赶回曹营，让曹操看了周瑜伪造的信件，曹操顿时火起，杀了蔡瑁、张允。等曹操冷静下来，才知中了周瑜的反间之计，但也无可奈何。

周瑜之所以能成功，就是因为他知道曹操是一个多疑的人，只要让他产生一丝的怀疑，那就会有利于自己。有时候，我们需要去发现敌人内部之间的矛盾，使其成为我们进攻的漏洞。假如对方没有矛盾或缝隙让我们有机可乘，那我们就要随时注意捕捉和利用敌人阵营中的内部矛盾，人为地给对方制造裂缝、矛盾，使之互相猜疑，瓦解内部团结，使其形成内乱，比如周瑜使用的反间计就是如此。

反间计可以分为几种，有的是利用敌方阵营中的同乡亲友关系打入敌人内部，探测消息；有的是收买敌方的官员充当间谍，比如，战国时期秦国贿赂收买赵王的宠臣郭开，借刀杀人除掉名将李牧；有的是用乾坤大挪移的方法，借力打人，让敌方的间谍为我所用；还有就是故意散布一些虚假的情报，以牺牲自己间谍为代价，诱使敌人上当，进入自己谋划之中。

《孙子兵法》说过“攻心为上”“不战而屈人之兵”。“攻心”，作为从精神和意志上打击敌人的特殊作战形式，历来为兵家所重视。“将计就计”是“反间计”的一种，它的含义是利用对方所用的计策，反过来对付对方，从而获得最终的胜利。

那么，我们在与对方打心理战的过程中，又该怎样将计就计呢？

1.不能自乱阵脚，要懂得隐藏自己的情绪。

很多人，尤其是社会经验少的年轻人，在遇到一些突发状况的时候，往往不知所措。不懂得控制自己的情绪，是无法运用反间计的，因为运用任何攻心术的前提都是隐藏自己的真实想法。正因为我们已经知晓了对方的计策，知己知彼方能百战不殆，抱着这样的心理，我们更没必要紧张与不安，而更应冷静地审时度势，不要被对方的某些计策所愚弄。

2.学会唱反调。

元·李文蔚《张子房圯桥进履》第三折有记载：“将计就计，不好则说是好！”这就是将计就计的精髓——唱反调，我们可以大张旗鼓地表达我们的反面意图。这样，可以让对方混淆对方的试听，让他们作出错误的决定，让对方放松戒备心，这对于我们达到目的是大有帮助的。

3.以子之矛攻子之盾，给对方以出其不意的反击。

通常情况下，人们的思维是有一定局限性的。“最危险的地方也就是最安全的地方”正是这一道理的最好证明。当对方使用计策影响你的时候，他绝不会想到你会用此计再给他“下套”。因此，我们从对方的思维空隙着眼，往往就能攻其不备，也就能在积极探寻筑牢我们自己的心理防线的同时瓦解对方的心理防线。

心理支招

《孙子兵法》认为，反间计的妙处在于，可以巧妙地利用敌人的间谍反过来为我所用。而现代社会，我们可以将其引申为将计就计，将计就计的方式方法有很多。当然，利用反间计影响对方，从而达到我们的目的，并没有一定的定式，只要我们能隐藏自己，就能把握事情的大局！

太过巧合的信息要仔细甄别

故三军之事，莫亲于间，赏莫厚于间，事莫密于间。

这句话的意思是，所以军队人事中，没有比间谍再亲信的，奖赏没有比间谍更优厚的，事情没有比用间更机密的。

孙子这句话阐述了间谍在军队作战中的重要性，孙子认为，在三军大事中，应把间谍摆在最亲、最厚、最密的高度上。用间并不是一件简单的事，不是才智过人的将帅不能使用间谍，不能以仁义待间的将帅不能使用间谍。不是用心精细、手段微妙的人难以取得和鉴别间谍的真实情报。的确，战争胜利与否事关重大，所以，尽可能掌握对方的信息尤为重要。

孙子认为，“非圣智不能用间”，在孙子看来，战争中，要求从事情报信息活动的人具有超出常人的智慧，要能识别出情报的真假，要掌握住信息的可靠程度，所以，智慧在情报的分析识别领域里作用更为明显。有时搜集来的情报，在普通人眼里显得杂乱无章，没有多大价值。但在那些知识丰富、眼界开阔且洞察力深厚的人看来，往往能看出表面信息背后的价值，呈现出意想不到的实用价值。

值得注意的是，在当今市场竞争中，为了保守机密，很多商业精英们会千方百计掩盖自己的真实意图，制造种种假信息去迷惑对方，从而增加了情报分析判断的复杂性。比如，我们必须具有“去粗取精，去伪存真”的慧眼，排除假象，抓住那些容易被忽略的环节，实事求是，慎重地分析问题，方不被错误的信息引入歧途。

除了一些商业信息以外，对于生活中的很多巧合的信息，我们一定要仔细甄别。

中国人常说：“无巧不成书。”形容事情十分凑巧。的确，我们的生活中，总是随时随地发生一些凑巧的事，比如，你在大街上闲逛，却无意中碰到一个熟人；就在你离开某个地方后，该地却发生了一些天灾人祸……有些巧合的效果是正面的，有些却是负面的，当然，人们都喜欢前者。然而，生活中，并不是所有的巧合都是因“巧”得来，也有可能是人们为了圆谎而故意制造出来的巧合。因此，人际交往中，对于那些太过巧合的事，我们要仔细甄别，比如，如果你在某个私人场合，恰巧碰到你的丈夫和他的私人秘书单独在一起，那么，你就要思考一下了；如果你的孩子在成绩公布那天正好把成绩单弄丢了，那么，你也要想一下他是不是考得不好……生活中，值得我们仔细甄别的巧合实在太多了。我们再来看下面一个故事：

刘女士经营着自己的一家皮具公司，因为经营有道，她的公司生意红红火火，但最近，刘女士在国外的丈夫的事业做得更好，希望她能过去帮忙，并且，已经为她办好了移民手续。这种情况下，刘女士只好着手把自己的公司转手，在和几个收购公司几轮谈判之后，她看好了一家实力较强的公司，这家公司负责谈判的人姓王。最终，刘女士想再和这家公司谈谈收购价格的事。

这天，双方再次坐在了谈判桌前。刘女士本以为对方会接受自己提出的收购价。谁知道，谈判进程到了一半的时候，姓王的经理却被手下人叫了出去。一阵嘀咕之后，对方又走了进来。

“王经理，发生什么事儿了吗？”刘女士问。

“是这样的，刘总，外地有一家我们之前想收购的公司，他们一直不肯合作，现在他们公司出现了火灾，目前正打算低价卖给我们，既然这样的话，我们自然愿意收购这家实力很雄厚的公司，当然，刘女士您也很有诚意的，如果您在价格上再让步一点的话，我们也不会再费精力去与那家公司谈……”对方王经理一连串说了很多话。刘女士静静地听着，她哪里会轻信这些话，因为她相信天底下巧合的事是有，但这样太巧合了，这家公司的火灾怎么来得那么不是时候，于是，刘女士说：

“王总，您看这样行不行，这事我一时半会儿也敲不定，我先跟我的几个董事们商量一下，会尽快给您回复的。”听到刘女士这么说，对方也自然会答应下来。

其实，刘女士这么做，是为自己赢取时间做调查，果然，不出刘女士所料，所谓的外地某皮具公司失火的事，只是对方编造出来的一个幌子而已，为的是杀价，在得知这一消息后，刘女士很快给这家公司回应：“真对不起啊，几个董事们商量了一下，还是觉得这个价格已经很公正了，如果您觉得不能接受的话，那么，我们也很抱歉。”对方的答复果然也如刘女士所料——他们答应以刘女士开出的价格收购这家公司。

故事中，我们不得不佩服刘女士的分析能力，在对方使出了一点小伎俩以企图杀价时，她并没有自乱阵脚，而是先为自己赢得时间，以调查对方所说是否属实，最终又赢回了谈判的主动权。

从这里，我们可以得出一个斟酌巧合是否属实的方法，那就是要学会察言观色，因为制造巧合同样属于谎言的一部分，人们在说谎的时候，都会在神色、动作等方面露出破绽；另外，我们还要学会通过其他方法检验对方话语的真实性，就如同故事中的刘女士一样，可以先赢取时间，然后在事后调查。当然，无论何种方法，都要我们多留一个心眼，对于那些太过巧合的事一定要仔

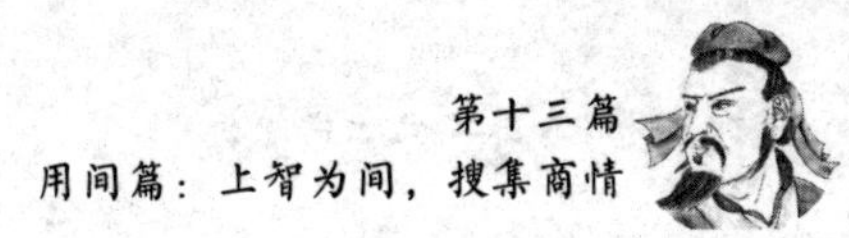

细斟酌！

心理支招

现实生活中，很多时候，我们在与人交往的过程中，会遇到一些巧合之事，聪明的你一定要学会仔细斟酌，不要被那些看似巧合的事蒙蔽了眼睛，有时候，对方制造巧合只是为了隐瞒自己的谎言。

重要商业机密不可泄露

间事未发，而先闻者，间与所告者皆死。

这句话的意思是，用间之事还没有开始进行，间谍和告知用间之事的人都要处死。

这里，孙子对告密者给出了严格的处罚——“间与所告者皆死”，的确，作战中，信息决定了整个战斗的局势，决定了国家的兴亡。正如孙子在开篇中所说：“凡兴师十万，出征千里，百姓之费，公家之奉，日费千金；内外骚动，怠于道路，不得操事者，七十万家。相守数年，以争一日之胜，而爱爵禄百金，不知敌之情者，不仁之至也。”所以，我们可以说，除了要掌握敌人的信息以外，还有重要的一点是要有防间意识，强化保密观念。

这一点，在现代商业社会尤为重要，美国可口可乐公司的经商信条是：“保住了秘密就保住了市场——防间必不可少。”“保住了秘密就保住了市场”。这也是该公司百余年雄立市场的关键。同样，在市场竞争中，也应当隐机藏略，不能过早暴露自己的新工艺、新技术、产品经销和发展计划。这就要求企业领导干部注意如下问题。

在犹太人的生意经上有这样一条规则，叫作“每次都是初交”。哪怕同最熟悉的人做生意，犹太人也决不会因上次的成功合作而放松对这次生意的各项条件、要求的审视。这样做的目的，就是要防止由于原来的先入之见而掉以轻心造成损失。

犹太人主张做生意要诚信，但他们同时也不会过度相信他人，而也正是这种谨慎的商业态度，让他们在经商的过程中总是立于不败之地。

可能我们都知道，真诚待人是为人处世的第一原则，但你千万要明白的是，热情能换来热情，却不一定能换来别人同样的真诚，尤其是在商业活动中，如果你把所有人都当成朋友，把什么秘密都和盘托出，那么，你很可能会给自己带来危险。

的确，人们常说，商场战场，与人打交道的过程中，我们无法看透他人的真正目的，也有一些小人，他们会为了套取你的商业秘密而故意接近你，开始的时候，他们看起来是那么善意，那么富有诚意，对你又那么关心。你可能感动地把自己的一切都告诉他，但你要清楚的是，那些商业秘密事关团队乃至整个企业的生死存亡，也是打败竞争对手的秘密武器，一旦泄露，后果不堪设想。

心理专家认为，自私是人的天性，就像贪吃是人的天性一样。洛克菲勒曾经也说，没有不追逐利益的人，从我们与人打交道的第一刻开始，人与人之间一场旷日持久的利益游戏就开始了。的确，商场如战场，我们必须学会与敌人战斗，与所有人真心交朋友的想法是幼稚的。

在他给儿子的38封信中，他向小约翰讲述了自己曾经被骗的一次经历：

在科利佛兰，那时候，很多商人都挤进石油行业，导致了炼油业生产过剩，这一行业几乎无利可图，那些炼油商也几乎到了破产的边缘。另外，科利佛兰这座城市远离油田，相对于那些工厂在油田的炼油商来说，这个城市的炼油行业毫无优势，对此，洛克菲勒决心站出来，将科利佛兰的炼油工厂集中起来，形成合力，这样才能抵御竞争，然而，那个时候的洛克菲勒太年轻了。在他买下那些豪无价值的废旧工厂后，这些商人却见利忘义，甚至与洛克菲勒为敌，将自己变卖废铁得来的钱重新购置机器，重操旧业，甚至公开敲诈洛克菲勒。

那个时候的洛克菲勒心痛极了，他后悔自己太过相信别人。而最令他难过的是，在以利益为中心的商业社会中，没有永远的朋友，今天还在一起喝酒的朋友，明天就可能因为一点利益争端而成为敌人。他的两位教友就曾多次欺骗他，他震惊了，我不明白与我一同祷告、虔诚地发誓要摈弃骄傲、纵欲和贪婪之心的人，何以如此卑鄙！

在经历了种种欺骗与谎言后，洛克菲勒得出一个结论：不要太相信任何人，只有相信自己，才不会被蒙骗。这个世界有太多太多的欺骗，提防是我们不可或缺的生存技能。

“儿子，请不要误会我，我无意要将我们这个世界涂上一层令人压抑、窒息的灰色；事实上，我渴望友谊、真诚、善良和一切能滋润我心灵的美好情感，我也相信它们一定存在。然而，很遗憾，在追名逐利的商场中，我难以得到这种满足，却要经常遭遇出卖和欺骗的打击。直到今天，我还能清晰地记得数次被骗的经历，那才叫刻骨铭心呐。”这是洛克菲勒告诫小约翰的话。

“林子大了，什么鸟都有”，这是人们常用来感叹社会复杂的一句话。年轻人，可能在你身边发生过这样一些事：你曾听到你的同事在领导面前中伤另外一个同事，而他们在人前是很好的朋友，其目的是减少竞争者；你可能看到一些人被钱财诱惑，不惜在利害关头出卖朋友……因此，你不要再天真地认为，这个世界上都是好人，也不要因为你的同事对你说了几句悦耳的话，就认为对方把你当知心朋友，然后对其和盘托出你所有的秘密，到最后被人利用了还蒙在鼓里。

因此，任何一个人在商业活动中都要学会以下两点：

1.逢人只说三分话，未可全抛一片心。

关于藏和露，我们要把握好尺度，需要你表现自己才能的时候，你就要大胆地表现，只有这样，才能得到他人对你能力的肯定，但切不可过分。日常工作和生活中，不要过于暴露自己的一些个性弱点，切勿太坦诚。这样做就能让人摸不清你的底细，别人摸不清你的底细，自然不会随便利用你、陷害你，不给人放冷箭的机会，也就能有效地保护了自己。

2.善于观察，洞察人心。

面对利益的争夺时，有些人会不择手段，我们可以保证自己不对别人放

“暗箭”，却决定不了别人不对你放暗箭。但只要你聪明一点，多看、冷静地判断，更不要相信别人的花言巧语，人们在“良言美语”和“糖衣炮弹”的“贿赂”下，会更容易失去抵抗“暗箭”的能力，从而容易任人摆布。

心理支招

人与人交往，尤其是在商业活动中，你一定要有防范之心，中国有句古话：“害人之心不可有，防人之心不可无。”对于那些伪善的人，我们一定要做好防守工作，切记不要让他们完全掌握你的秘密和底细，更不要为他们所利用，或一不小心陷入他们的圈套之中。

庞涓之死——别轻信任何人

故用间有五：有因间，有内间，有反间，有死间，有生间。五间俱起，莫知其道，是谓神纪，人君之宝也。

这段话的意思是，使用间谍有五种：有因间，有内间，有反间，有死间，有生间。五种间谍同时都使用起来，使敌人莫测高深而无从应付，这是神妙的道理，是国君制胜敌人的法宝。

古代战场，双方为了获胜，“用间”是自然之事，孙子在本篇结束时也阐述：“昔殷之兴也，伊挚在夏；周之兴也，吕牙在殷。故惟明君贤将，能以上智为间者，必成大功。此兵之要，三军之所恃而动也。”都是强调用间的重要性，而现代社会，从自身利益出发，“用间”也成了很多人的选择，尤其是那些竞争激烈的商业大战中，更是无处不存在他人的“间谍”。而对此，我们一定要多留个心眼，否则，很有可能被人算计，陷入失败的境地。我们先来看看“庞涓之死”这一历史事件：

孙膑和庞涓是同学，拜鬼谷子先生为师一起学习兵法。学习期间，两人情谊深厚，并结拜为兄弟，孙膑稍年长，为兄，庞涓为弟。有一年，当听到魏国国君以优厚待遇招求天下贤才到魏国做将相时，庞涓再也耐不住深山学艺的艰苦与寂寞，他决定下山，谋求富贵。孙膑则觉得自己学业尚未精熟，还想进一步深造；另外，也舍不得离开老师，就表示先不出山。

于是庞涓一个人先走了。临行时，庞涓对孙膑说："我们弟兄有八拜之交，情同手足。这一去，如果我能获得魏国重用，一定迎取孙兄，共同建功立业，也不枉来人世一回。"

庞涓在魏国迅速得到了魏王的重用，慢慢地他的声威与地位也提高了，魏国君臣百姓都十分尊重他、崇拜他。而庞涓自己也认为取得了盖世大功，不时向人夸耀，大有普天之下、舍我其谁的气势了。这期间，孙膑却仍在山中跟随先生学习。他原来就比庞涓学得扎实，加上先生见他为人诚挚正派，又把秘不传人的《孙子兵法》十三篇细细地让他学习、领会，因此，孙膑此刻的才能更远远超过庞涓了。

当孙膑下山后，到魏国先去看望庞涓，并住在他府里。庞涓表面表示欢迎，但心里很是不安、不快：唯恐孙膑抢夺他一人独尊独霸的位置。又得知自己下山后，孙膑在先生教诲下，学问才能更高于从前，十分嫉妒，产生了要置孙膑于死地的恶念。在他设计的圈套下，孙膑被挖去了膝盖骨。

"本是同根生，相煎何太急"，孙膑又何曾料到，昔日与自己一起读书习武的庞涓竟会加害自己，但庞涓最终还是败在了大智若愚的孙膑手里，"围魏救赵"一战中，他被齐国的乱箭射死。

从这个故事中，我们也可以得出一个道理，对于未曾了解的人，不能轻易相信。商业活动中我们更应该做到这样，可以说，即使跟你一起合作的伙伴们，也有可能是为了自己的利益心怀鬼胎，而对于你的竞争对手，你更应该摸清底细，只有这样，你才能击中对方的软肋、一击即中。

人们常说，人心是这个世界上最复杂、最难琢磨的东西，它隐藏在人内心深处，并没有写在额头。同样，复杂的商业活动中，无论是竞争对手还是合作伙伴的背景，我们都有必要了解，这正如洛克菲勒说的："了解每一个对手，甚至合作伙伴的背景，对自己的事业往往具有出乎意料的帮助。"

因此，我们每个人都要留点心，即使是与你一起合作的人，你也不要过早对一个人掏心掏肺，从长计议，将自己的眼光放远一点，你就会发现一个道理：人，形形色色，千差万别，在错综复杂的事物背后，人的本质似乎高深莫测，看来看去都是雾里看花，捉摸不定。

那么，我们到底该怎样做，才能了解对手和自己的合作伙伴呢？对此，你可以采用长期考察法。“长期考察法”是最有效的一种识人方法。可是，生活中，我们不难发现，为什么有些人在原来的岗位干得很好，到了新的岗位，却表现不佳？为什么有些人，即使你与他相识很久，却依旧不了解他？难道长期考察的方法错了？

其实，“日久见人心”的精要之处不在“日久”——不是时间长了，就一定能看出人的本质来，而是因为时间长了，发生的“事件”足够多了，人的特点就更多地暴露出来了。

对人的评估的秘密武器就是“关键事件”，这个关键事件能够把人的重要特点充分展示出来。

因此，我们对一个人的了解是需要一个过程的，是需要时间来验证的，也是需要经过事件的磨炼的。要想真正了解一个人，认识一个人，必须与他（她）打交道，与他（她）处事，方知对方是否可交。

心理支招

商业活动中，对你的对手或者合作伙伴的性格、人品的考察，能帮助我们减少很多不必要的麻烦。当然，这一考察需要经历一定的“时间”“事件”。长期考察的好处，就在于对重复出现的特点有更加准确的判断力。另外，关键事件的频繁出现，我们就能够把人看准。

参考文献

[1] 韦明辉.孙子兵法智慧新解[M].北京：地震出版社，2007.

[2] 虞先泽.孙子兵法经营智慧[M].北京：中国铁道出版社，2007.

[3] 孙武.孙子兵法与三十六计的智慧[M].西安：三秦出版社，2012.

[4] 明志.中国智慧品读：孙子兵法与当下生活[M].北京：中国长安出版社，2012.

[5] 杨善群.孙子兵法：智慧与谋略[M].上海：上海锦绣文章，2012.